EUL VERLAG

EINZELSCHRIFTEN

Oliver Thomsen

Ökonomische Bewertung von Natur – besonders geschützte Bereiche als wertrelevante Faktoren in der hedonischen Modellierung – Die Zahlungsbereitschaft für ein naturnahes, grünes Wohnumfeld am Beispiel von Freiburg (Brsg.)

Lohmar – Köln 2014 • 236 S. • € 56,- (D) • ISBN 978-3-8441-0301-4

Jens Ortgiese und Carlo Velten (Hrsg.)

Entrepreneurship, Venture Capital und Investment Banking – Gewidmet Prof. Dr. Klaus Nathusius anlässlich seines 70. Geburtstages

Lohmar – Köln 2014 • 216 S. • € 55,- (D) • ISBN 978-3-8441-0302-1

Daniel M. Blab

Die Anwendung der International Public Sector Accounting Standards (IPSAS) als funktionales Element einer Neuordnung der öffentlichen Verwaltung – Eine konzeptionelle und normative Analyse am Beispiel von Natur- und Kulturgütern

Lohmar – Köln 2014 • 460 S. • € 69,- (D) • ISBN 978-3-8441-0305-2

Nicole Seifferth-Schmidt

Die Theorie des Sozialkapitals und dessen empirische Genese und Wirkungen in Deutschland

Lohmar – Köln 2014 • 204 S. • € 49,- (D) • ISBN 978-3-8441-0308-3

Stephan Dieter Prym

Die Bedeutung von Sozialkapital beim Internationalisierungsprozess von Familienunternehmen

Lohmar – Köln 2014 • 484 S. • € 72,- (D) • ISBN 978-3-8441-0314-4

Philipp Huber

Bewertung von Unternehmen im Economic und Financial Distress – Eine Analyse der Discounted Cashflow-Verfahren

Lohmar – Köln 2014 • 172 S. • € 48,- (D) • ISBN 978-3-8441-0318-2

JOSEF EUL VERLAG

Philipp Huber

Bewertung von Unternehmen im Economic und Financial Distress

Eine Analyse der Discounted Cashflow-Verfahren

EUL VERLAG

Bibliografische Information der Deutschen Nationalbibliothek

Die Deutsche Nationalbibliothek verzeichnet diese Publikation in der Deutschen Nationalbibliografie; detaillierte bibliografische Daten sind im Internet über <http://dnb.d-nb.de> abrufbar.

ISBN 978-3-8441-0318-2
1. Auflage April 2014

JOSEF EUL VERLAG GmbH
Brandsberg 6
53797 Lohmar
Tel.: 0 22 05 / 90 10 6-6
Fax: 0 22 05 / 90 10 6-88
E-Mail: info@eul-verlag.de
http://www.eul-verlag.de

Bei der Herstellung unserer Bücher möchten wir die Umwelt schonen. Dieses Buch ist daher auf säurefreiem, 100% chlorfrei gebleichtem, alterungsbeständigem Papier nach DIN 6738 gedruckt.

Vorwort

Allen Unterstützern dieser Abschlussarbeit herzlichen Dank.

Hohberg, den 31.03.2011

Philipp Huber

Inhaltsverzeichnis

Abbildungsverzeichnis

Tabellenverzeichnis

Abkürzungs- und Symbolverzeichnis

AG	Aktiengesellschaft
APV	Adjusted Present Value
Bd.	Band
bzw.	beziehungsweise
$\beta_{EK,v}$	Beta-Faktor der Eigenkapitalkosten eines verschuldeten Unternehmens (Equity-Beta)
$\beta_{EK,u}$	Beta-Faktor der Eigenkapitalkosten eines unverschuldeten Unternehmens (Asset-Beta)
β_{FK}	Beta-Faktor des Fremdkapitals (Debt-Beta)
$\beta_{bottom\text{-}up\ unlevered}$	Bottom-Up Unlevered Beta-Faktor
β_{gesund}	Beta-Faktor eines gesunden Unternehmens
BIP	Bruttoinlandsprodukt
BMWi	Bundesministerium für Wirtschaft und Technologie
CAPM	Capital Asset Pricing Model
CDAX	Composite DAX
CF_t	Cashflow im Zeitpunkt t
$Cashflow_{jt}$	Cashflow des Szenarios j in Periode t
$Cov(r_j, r_m)$	Kovarianz von Rendite des risikobehafteten Wertpapiers und der Rendite des Marktportfolios
DAX	Deutscher Aktienindex
DCF	Discounted Cashflow
EBIT	Earnings before Interest and Tax
EUR	Euro
et al	et alii
$\frac{EK}{GK}$	Eigenkapitalquote zu Marktwerten
$\frac{FK}{GK}$	Fremdkapitalquote zu Marktwerten
$\frac{FK}{EK}$	Verschuldungsgrad
FAV	Finanzanlagevermögen
FCF	Free Cashflow
FCF_t	Free Cashflow im Zeitpunkt t
FtE	Flow to Equity
FtE_t	Flow to Equity im Zeitpunkt t

FK_{t-1}	Fremdkapitalbestand im Zeitpunkt t-1
Fn	Fußnote
g_{CF}	Wachstumsrate der Cashflows
g_{FCF}	Wachstumsrate der Free Cashflows
g_{FtE}	Wachstumsrate der Cashflows (FtE)
GK_{MW}	Gesamtkapitalwert zu Marktwerten
GuV	Gewinn- und Verlustrechnung
Hrsg.	Herausgeber
Jg.	Jahrgang
i	Kapitalisierungszinssatz (allgemein)
IAS	International Accounting Standard
i.d.F.	in der Fassung
IDW	Institut der Wirtschaftsprüfer
IFRS	International Financial Reporting Standard
IfM	Institut für Mittelstandsforschung
$k_{EK,v}^{nSt}$	Eigenkapitalkosten (=Renditeforderungen der Eigenkapitalgeber) eines verschuldeten Unternehmens nach Steuern
$k_{EK,u}$	Eigenkapitalkosten (=Renditeforderung der Eigenkapitalgeber) eines unverschuldeten Unternehmens nach Steuern
k_{FK}	Fremdkapitalkosten (=Renditeforderung der Fremdkapitalgeber vor Steuern)
k_{FK}^{v}	Vertraglich vereinbarter Fremdkapitalzinssatz
KMU	Klein- und mittelständische Unternehmen
M&A	Merger & Acquisitions
MRP	Marktrisikoprämie
MDA	Multivariate lineare Diskriminanzanalyse
NBV	Nicht betriebsnotwendiges Vermögen
σ_{r_i}	Standardabweichung der Rendite risikobehafteter Wertpapiere
σ_{r_m}	Standardabweichung der Rendite des Marktportfolios
$\rho_{i,m}$	Korrelationskoeffizient von r_i und r_m
PD	Ausfall- / Insolvenzwahrscheinlichkeit (Probability of Default)
π_{jt}	Wahrscheinlichkeit des Szenarios j in Periode t
REX	Deutscher Rentenindex
$RW_{CF,T}$	konstanter Cashflow (Restwert in ewiger Rente)

$RW_{FCF,T}$	konstanter Free Cashflow (Restwert in ewiger Rente)
r_f	Risikoloser Basiszinssatz
r_M	Marktrendite
SAV	Sachanlagevermögen
s_U	Unternehmenssteuersatz
TCF	Total Cashflow
TS_t	Tax Shield im Zeitpunkt t
Tz	Textziffer
UW	Unternehmenswert
$Var(r_m)$	Varianz der Rendite des Marktportfolios
V_T^L	Unternehmenswert (verschuldet) im Zeitpunkt T
V_T^U	Unternehmenswert (unverschuldet) im Zeitpunkt T
WACC	Weighted Average Cost of Capital (=Kapitalisierungszinssatz)
z.B.	zum Beispiel

1 Einleitung

1.1 Problemstellung und Zielsetzung

Die vergangene Finanz- und Wirtschaftskrise in den Jahren 2007 bis 2009 hat weltweit die Finanzmärkte äußerst stark durchgeschüttelt und die Realwirtschaft in die schwerste Rezession seit den 30er Jahren gezogen. Wenn auch eine unerwartet starke Erholung der deutschen Wirtschaft zu konstatieren ist,[1] hat diese Krise tiefe Spuren hinterlassen.

In der Bewertungslehre und -praxis von Unternehmen hat dieser beispiellose rezessive wirtschaftliche Abschwung ebenfalls Spuren hinterlassen und zentrale Fragen zur Unternehmensbewertung (neu) aufgeworfen.

Die Entwicklungen auf den Kapitalmärkten der Welt sowie im allgemeinen wirtschaftlichen Umfeld haben dazu geführt, die der Unternehmensbewertung zu Grunde liegenden Annahmen und Parameter auf deren Gültigkeit, Nachhaltigkeit und Plausibilität zu überprüfen und gegebenenfalls anzupassen.[2] Insbesondere ist eine detaillierte Analyse der Auswirkungen der Finanz- und Wirtschaftskrise auf die Parameter des Kapitalisierungszinssatzes im Rahmen der Discounted Cashflow-Verfahren notwendigerweise gegeben.

Darüber hinaus hat diese branchen- und länderübergreifende Krise einige Unternehmen – auch im Kern gesunde Unternehmen – an den Rand bzw. in die Insolvenz geführt.[3] In 2009 hat dies zu einem neuen Rekordhoch an sogenannten „Distressed M&A“ (Merger & Acquisitions von insolvenzbedrohten und sich in unternehmerischer Schieflage befindenden Unternehmen) geführt.[4] Standard & Poor's identifizierte fast 300 global agierende Großunternehmen, die insolvenz-

---

1 Siehe beispielsweise den Jahreswirtschaftsbericht 2011 des Bundesministeriums für Wirtschaft und Technology (vgl. BMWi (2011), S. 7), in dem ein Zuwachs des Bruttoinlandsprodukts (BIP) für 2010 von 3,6% angegeben wird oder die Entwicklung des IfO Geschäftsklima-Index von ca. 82 Punkten Anfang 2009 auf bis zu über 110 Punkten Anfang 2011 (vgl. ifo Institut (2011)).

2 Vgl. Zwirner, Reinholdt (2009), S. 390.

3 Als prominente Beispiele können unter anderem der Handels- und Touristikkonzern Arcandor, der Porzellan-Hersteller Rosenthal, der Modellbauer Märklin oder auch der amerikanische Autoriese General Motors aufgezählt werden. Damit zeigt sich, dass auch große und traditionsreiche Unternehmen von der Insolvenz nicht verschont bleiben.

4 Vgl. Kunsich, Wahler (2010), S. 53.

gefährdet sind.[5] Daneben hat die Gesamtzahl der Unternehmensinsolvenzen in Europa um 21,9% (in Deutschland +16,0%) zugenommen.[6] Für 2010 wurde zunächst eine weiter steigende Zahl von Insolvenzen vorhergesagt. Aufgrund der starken gesamtwirtschaftlichen Erholung konnte diese jedoch abgemildert werden (-2,5% in Deutschland, -1,4% in Europa).[7]

Diese Entwicklungen haben der Frage nach einer Berücksichtigung des Insolvenzrisikos in der Unternehmensbewertung neue Aktualität gegeben. In der Vergangenheit wurde in der Regel in der Unternehmensbewertung von einem immanenten Insolvenzrisiko abstrahiert und das Fremdkapital als nicht ausfallgefährdet interpretiert.[8] Die Zins- und Tilgungszahlungen an die Fremdkapitalgeber wurden somit als „quasi-sicher" angesehen. Das führt theoretisch zu der Schlussfolgerung, dass der Unternehmenswert bei reiner Fremdfinanzierung maximal ist.[9] Jedoch werden die negativen Folgen zunehmender Verschuldung – und damit einhergehend steigender Wahrscheinlichkeit einer Insolvenz der Unternehmung – wie direkte und indirekte Insolvenzkosten (hierunter können u.a. Umsatzeinbrüche, abgebrochene Kunden- und Lieferantenbeziehungen oder Imageverlust verstanden werden) nicht berücksichtigt. Insbesondere bei akut insolvenzbedrohten Unternehmen, dem sogenannten Financial Distress, können diese Kosten substantiell sein und zu einem beschleunigten Werteverfall des Unternehmens beitragen.[10]

Weiterhin besteht bei Unternehmen im Financial Distress eine begründete Unsicherheit darüber, ob und wie lange das Unternehmen überhaupt fortgeführt werden kann. Die Discounted Cashflow-Verfahren[11] hingegen gehen grundsätzlich von einer optimistischen Prognose der zukünftigen Unternehmensentwicklung und einer unendlichen Lebenszeit der Unternehmung aus. Die Annahme des „Going Concern" im Bewertungsverfahren sowie daraus folgend der Ansatz der ewigen Rente mit Wachstumszuschlag in einem Zwei-Phasen-Bewertungsmodell

---

5 Vgl. Standard & Poor's (2009), S.2 f.

6 Vgl. Creditreform (2010a), S. 2.

7 Siehe zur Prognose eine Studie von Roland Berger Strategy Consultants (vgl. Roland Berger Strategy Consultants (2009)); zur tatsächlichen Entwicklung der Unternehmensinsolvenzen Creditreform (2011), S. 3 f.

8 Dies wäre dann zu rechtfertigen, wenn das Unternehmen das bestmögliche Rating (AAA-Rating) aufweist. Weltweit sind allerdings nur „noch" sechs Unternehmen mit AAA geratet (Stand 2008) (vgl. Bloomberg (2008)).

9 Das ist in der Abzugsfähigkeit der Fremdkapitalzinsen auf die Bemessungsgrundlage der Steuerermittlung begründet und ist folglich als eine Steuerersparnis zu interpretieren (vgl. Kofler, Baumgartner (2010), S. 69).

10 Vgl. Weckbach (2004), S. 32-40.

können als Belege hierfür verstanden werden. Die Grundlagen der DCF-Verfahren bilden folglich die Realität des Financial Distress nicht explizit und ausreichend ab. Die Vernachlässigung des Insolvenzrisikos - insbesondere im Financial Distress - in den DCF-Verfahren hat damit eine erhebliche Überbewertung der Unternehmung zur Folge:[12]

"In summary, then, the possibility and costs of distress are far to substantial to be ignored in valuation."[13]

Die vorliegende Arbeit geht den zwei wesentlichen Fragestellungen nach, wie sich einerseits *Economic Distress* und andererseits *Financial Distress* auf die DCF-Verfahren zur Unternehmensbewertung auswirken können. Die DCF-Verfahren sind die bedeutendsten Verfahren zur fundamentalen Unternehmensbewertung, erfahren in Theorie und Praxis weite Verbreitung[14] und werden deshalb im Zentrum der Betrachtung stehen.

Economic Distress wird dabei als Abschwung innerhalb einzelner oder mehrerer Branchen angesehen und besitzt damit eine makroökonomische Perspektive.[15] Am Beispiel der vergangenen Finanz- und Wirtschaftskrise werden die makroökonomischen Entwicklungen und deren Auswirkungen auf die Parameter der DCF-Bewertung untersucht und dargestellt. Insbesondere die korrekte Anpassung des Kapitalisierungszinssatzes wird diskutiert.

Dagegen wird Financial Distress auf mikroökonomischer Ebene als einen Zustand definiert, welcher eine existenzbedrohende Schieflage des einzelnen Unternehmens und somit ein vorherrschendes Insolvenzrisiko beschreibt. Die Bewertung von derartigen Unternehmen mithilfe der DCF-Verfahren ist ein in der Literatur wenig beachteter Bewertungsfall. Hierzu werden verschiedene Ansätze zur Integ-

---

11 Im Folgenden DCF-Verfahren

12 Beispielsweise liegt die relative Überbewertung von Unternehmen mit einer Ausfallwahrscheinlichkeit des Fremdkapitals von 6,0% und einem Kapitalisierungszinssatz von 7,5% bei über 90%. (vgl. Metz (2007), S. 101). Eine Überbewertung aufgrund des vollständigen Ansatzes der ewigen Rente bei Unternehmen mit äußerst ungewisser Fortführungsprognose ist hierbei noch nicht einmal berücksichtigt (siehe hierzu Kapitel 4).

13 Damodaran (2006), S. 5.

14 Das Institut der Wirtschaftsprüfer (IDW) stellt in seinem Standard: „Grundsätze zur Durchführung von Unternehmensbewertungen" auf die DCF-Verfahren als die anzuwendenden Verfahren ab. Weiterhin fordert das Regelwerk der „International Financial Reporting Standards" (IFRS) in IAS 36 „Wertminderung von Vermögensgegenständen" den Nutzungswert anhand den DCF-Verfahren zu ermitteln. Zur Verbreitung der Verfahren in der Praxis vgl. Lorenz (2009), S. 9-30; Henselmann, Barth (2009), S. 27-32.

15 Weckbach (2004), S. 27 f.

ration von Financial Distress in die DCF-Verfahren betrachtet und auf deren Eignung überprüft.

1.2 Gang der Darstellung

Die vorliegende Arbeit ist in fünf Kapitel untergliedert. Kapitel 2 führt zunächst mit den Grundlagen der Unternehmensbewertung und den DCF-Verfahren allgemein in das Themengebiet ein. Der Schwerpunkt liegt auf der Darstellung des in der Praxis weitverbreiteten Konzept der durchschnittlich gewogenen Kapitalkosten („Weighted Average Cost of Capital" – WACC-Ansatz) sowie des Konzepts des angepassten Barwerts („Adjusted Present Value" - APV-Ansatz). Es werden die Grundzüge dargestellt und Komponenten aufgezeigt, die in den nachfolgenden Kapiteln zentrale Bedeutung haben. Anschließend diskutiert Kapitel 3 die Auswirkungen von Economic Distress auf die DCF-Verfahren. Besonderer Fokus liegt hierbei auf dem Kapitalisierungszinssatz zur Diskontierung der erwarteten zukünftigen Cashflows.

Kapitel 4 legt wiederum den theoretischen Grundstein für die Betrachtung von Financial Distress in den DCF-Verfahren. Neben Definition und Abgrenzung des Begriffes werden insbesondere die Möglichkeiten zur Prognose der Insolvenzwahrscheinlichkeit betrachtet. Die Diskussion der Notwendigkeit einer Berücksichtigung und deren Konsequenzen hieraus beschließt das Kapitel 4. In Kapitel 5 werden letztlich verschiedene Ansätze zur Berücksichtigung von Financial Distress in den DCF-Verfahren betrachtet und auf deren Eignung untersucht. Ausführungen zu einer Erweiterung der traditionellen DCF-Verfahren mittels einer Simulationsrechnung ergänzen die bestehenden Ansätze auf Grundlage traditioneller DCF-Verfahren. Zusammenfassend lässt sich der strukturelle Aufbau dieser Arbeit nachfolgend in Abbildung 1.1 darstellen.

Den theoretischen Ausführungen liegt ein umfassendes, durchgehendes Bewertungsbeispiel eines fiktiven Unternehmens im Anhang A bei. Dieses Unternehmen wird zu drei unterschiedlichen Zeitpunkten bewertet. Dabei verdeutlicht es die in den einzelnen Kapiteln gewonnenen Erkenntnisse und zeigt die praktische Umsetzung einzelner Ansätze auf.

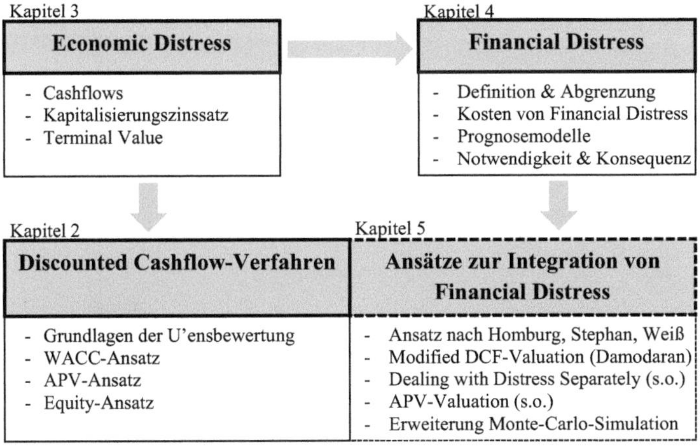

Abbildung 1.1: Aufbau der Arbeit
(Quelle: eigene Darstellung)

Das Unternehmen wird im gesunden Zustand, im Economic Distress sowie im Financial Distress anhand des Ansatzes von Homburg, Stephan, Weiß (Kapitel 5.1) und dem von Damodaran genannten Ansatz „Dealing with Distress Separately" (Kapitel 5.2.3) bewertet. Außerdem ergänzt eine Simulationsrechnung mithilfe der Monte-Carlo-Verfahrenstechnik die traditionellen DCF-Verfahren. Die Ergebnisse des Fallbeispiels werden in der Diskussion der Ansätze in Kapitel 5.4. sowie in der Schlussbetrachtung aufgegriffen. Nachfolgende Abbildung 1.2 zeigt den grundlegenden Aufbau des Fallbeispiels zu unterschiedlichen Bewertungszeitpunkten auf:

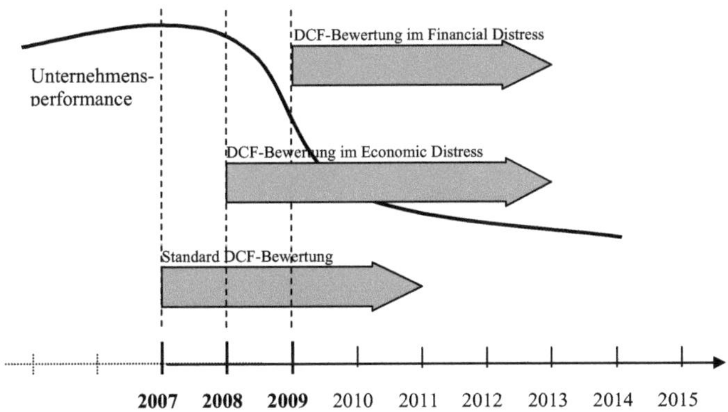

Abbildung 1.2: Aufbau des Fallbeispiels in Anhang A
(Quelle: eigene Darstellung)

2 DCF-Verfahren: Grundlagen

2.1 Funktionale Bewertungstheorie

Eine Bewertung[16] bezeichnet im Allgemeinen die Zuordnung eines Wertes, in der Regel in Form einer Geldgröße, zu einem Gegenstand, dem Bewertungsobjekt, durch das jeweilige Bewertungssubjekt.[17] Dieser Wert beschreibt, welchen Nutzen sich das Bewertungssubjekt aus dem Bewertungsobjekt im Hinblick auf die zur Verfügung stehenden Vergleichsobjekte verspricht. Das bedeutet zugleich, dass das Bewertungsobjekt nur mit Bezug auf ein Bewertungssubjekt einen Wert hat. Demzufolge kann es keinen „Wert an sich" haben, sondern nur einen Wert für jemanden.[18]

Die Unternehmensbewertung dient dazu, dem Unternehmen oder den Unternehmensanteilen potenzielle Preise[19] zuzuordnen.[20] Davon ist der tatsächlich gezahlte Preis abzugrenzen[21], welcher zwar eine wichtige Orientierungsgröße zur Plausibilisierung von Unternehmenswerten ist, eine Bewertung aber nicht ersetzen kann.[22] Der tatsächlich gezahlte Preis bildet sich auf freien Märkten aus Angebot und Nachfrage[23], unterliegt dessen üblichen Schwankungen und ist häufig das Ergebnis unterschiedlich informierter Verhandlungspartner.[24] Dieser wird wesentlich von der Nutzeneinschätzung (Grenznutzen) des jeweiligen Käufers und Verkäufers bestimmt und unterscheidet sich in der Regel je nach dem mengenmäßigen Verhältnis zwischen Angebot und Nachfrage sowie den Einflußmöglichkeiten der Unternehmenseigner auf die Unternehmenspolitik mehr oder weniger stark von dem Wert des gesamten Unternehmens oder dem quotalen Anteil am Unternehmensgesamtwert.[25] Zwar bilden potentielle Preise, also Unternehmenswerte,

---

16 Siehe ergänzende Begriffsdefinition und –abgrenzung in Matschke, Brösel (2005), S. 3-13.

17 Vgl. Sieben, Löcherbach, Matschke (1974), S. 840.

18 Vgl. Matschke, Brösel (2005), S. 6.

19 Vgl. Moxter (1976), S. 25. Er spricht in diesem Zusammenhang von „möglichen" Preisen, nicht von „wirklichen" (effektiv zustande gekommenen) Preisen.

20 Vgl. Peemöller (2009), S. 3.

21 Vgl. Münstermann (1966), S. 11. Er weist darauf hin, Unternehmenspreis und Unternehmenswert begrifflich unbedingt auseinander zu halten.

22 Vgl. IDW S1 i. d. F. 2008, Tz 13.

23 Im Falle des Kaufs / Verkaufs eines Unternehmens. Siehe hierzu nachfolgendes Kapitel 2.2: Anlässe und Funktionen der Unternehmensbewertung.

24 Vgl. Nölle (2009), S. 11.

25 Vgl. IDW S1 i. D. F. 2008, Tz 13.

eine wichtige Vorstufe für die sich bei Käufen (Verkäufen) schließlich ergebenen effektiven Preise und können sich in diese verwandeln, sie müssen es jedoch nicht.[26] Während Preise für Unternehmen oder Unternehmensanteile beobachtbar sind, herrscht in der Literatur Einigkeit darüber, dass es den richtigen Unternehmenswert nicht gibt.[27] Da Unternehmenswertermittlungen sehr unterschiedlichen Zwecken dienen können, ist der richtige Unternehmenswert der jeweils zweckadäquate.[28]

Das „Zweckadäquanzprinzip" ist das zentrale Element der heute vorherrschenden funktionalen Unternehmensbewertung, welche Mitte der 70er Jahre aus der Kontroverse zwischen objektiver und subjektiver Werttheorie hervorging[29] und auf die Kölner Funktionslehre zurückgeht.[30] Danach leitet sie den Wert eines Bewertungsobjekts im Hinblick auf eine gegebene Zielsetzung unter Berücksichtigung der Gesamtheit aller dem Bewerber in einer bestimmten Situation zur Verfügung stehenden Handlungsmöglichkeiten - im Sinne der subjektiven Werttheorie und dennoch nachvollziehbar und überprüfbar - ab.[31]

Dieser kontinentaleuropäischen subjektiven Werttheorie steht die angelsächsische objektive Bewertungstheorie gegenüber, welche sich grundlegend dadurch unterscheidet, dass sie von der Fiktion ausgeht, Marktwerte für jedermann gültig ermitteln zu können und die Existenz eines „objektiven", „ wahren" oder „fairen" Preis vorgibt.[32] Hering, Olbrich und Rollberg (2010) sehen darin eine wesentliche Mitursache der Finanzkrise.[33]

2.2 Anlässe und Funktionen der Unternehmensbewertung

Die funktionale Unternehmensbewertung geht grundlegend davon aus, dass eine Unternehmensbewertung verschiedenen Zwecken bzw. Aufgabenstellungen dient,

---

26 Vgl. Moxter (1976), S. 25.
27 Vgl. Gröger (2009), S. 11.
28 Vgl. Moxter (1983), S. 6.
29 Siehe zum Vergleich der historischen Entwicklung der Bewertungstheorien der deutschen sowie der angelsächsischen Schule ausführlich Hering (2004), S. 105-122.
30 Siehe Erläuterungen zur Kölner Funktionslehre u.a. in Sieben (1976), S. 491-504.
31 Vgl. Peemöller (2009), S. 10.
32 Vgl. Hering, Olbrich, Rollberg (2010), S. 32.
33 Die Autoren argumentieren, dass die zentralen Bewertungsmodellen der angelsächsischen Bewertungslehre – die kapitalmarktorientieren Ansätze CAPM, Modigliani, Miller und Black, Scholes – Wert und Preis gleichsetzen und folglich implizieren, ein Kauf zum „Marktwert" sei stets vorteilhaft und „fair bewertet". Die Konsequenz hieraus ist, dass in dieser Modellwelt eine „Börsenblase" als solche nicht mehr zu erkennen ist.

welche wiederum maßgeblich die Anlage, Verfahrenstechnik und somit auch das Bewertungsergebnis beeinflussen (Zweckabhängigkeit).[34]

Sie ist Mittel zum Zweck und ergibt sich aus den Anlässen der Unternehmensbewertung.[35] Nach heutiger unumstrittener Auffassung der kontinentaleuropäischen Bewertungslehre wird der Unternehmenswert durch den Bewertungszweck determiniert, welcher wiederum aus dem Bewertungsanlass resultiert. Allerdings weisen Mandl und Rabel (1997) daraufhin, dass der Anlass zwar die Notwendigkeit einer Bewertung begründet, maßgeblich für die weitere Vorgehensweise bei der Bewertung aber nur der Zweck ist.

Die Anlässe einer Unternehmensbewertung sind sehr vielfältig[36], so dass eine eindeutige Klassifizierung in der Literatur nicht zu konstatieren ist. Eine grundlegende Differenzierung kann hingegen anhand der Fragestellung erfolgen, ob sich die Bewertung auf eine Änderung der Eigentumsverhältnisse am zu bewertenden Unternehmen bezieht oder nicht.[37] Nachfolgende Abbildung 2.1 zeigt eine Systematisierung der Bewertungsanlässe, die mit einer (potentiellen) Änderung der Eigentumsverhältnisse verbunden sind:[38]

Art der Eigentumsveränderung	• Typ Kauf / Verkauf • Typ Fusion / Spaltung
Grad der Dominanz	• Dominierte Konfliktsituation • Nicht-Dominierte Konfliktsituation
Grad der Verbundenheit	• Jungierte Konfliktsituation • Disjungierte Konfliktsituation
Grad der Komplexität	• Eindimensionale Konfliktsituation • Mehrdimensionale Konfliktsituation

Abbildung 2.1: Bewertungsanlässe aufgrund von Änderungen der Eigentumsverhältnisse
(Quelle: eigene Darstellung in Anlehnung an Matschke, Brösel (2005), S. 75.)

34 Vgl. Mandl, Rabel (1997), S. 12-16.

35 Vgl. Bellinger, Vahl (1992), S. 30.

36 Vgl. hierzu Anlage B2.1, in der umfassend jedoch nicht vollständig Bewertungsanlässe nach dem Kriterium des Eigentümerwechsels aufgeführt sind.

37 Vgl. Matschke, Brösel (2005), S. 75-77. In der Literatur wird auch von transaktionsbezogenen und nicht transaktionsbezogenen Anlässen gesprochen (siehe hierzu Mandl, Rabel (1997), S. 13).

38 In der Praxis werden Unternehmensbewertungen am häufigsten durch unternehmerische Entscheidungen – insbesondere bei Kauf/Verkauf von Unternehmen/-santeilen veranlasst. (vgl. Henselmann, Barth (2009), S. 52-61).

In der funktionalen Unternehmensbewertung werden aus den vielfältigen Bewertungsanlässen verschiedene Aufgabenstellungen bzw. Zwecke einer Unternehmensbewertung abgeleitet und den jeweiligen Zwecksetzungen eine Funktion zugeordnet.[39] Im Allgemeinen werden die unterschiedlichen Zwecksetzungen in Haupt- und Nebenfunktionen kategorisiert.[40]

Die Ermittlung von Marktwerten eines Unternehmens hat in den vergangenen Jahren insbesondere durch die Entwicklung des „Value Based Management" (der wertorientierten Unternehmensführung), der Bestimmung des Emissionspreises bei Neuemission von Aktien (Going Public) oder der „Fair Value"-Ermittlung nach IAS 36 an Bedeutung zu genommen und wird bereits als Hauptfunktion angesehen.[41]

2.3 DCF-Verfahren zur Unternehmensbewertung

2.3.1 Überblick und Systematisierung der Verfahren

Im Laufe der Zeit hat sich eine Methodenvielfalt zur Bewertung einer Unternehmung entwickelt. Die DCF-Verfahren sind die Verfahren zur Unternehmensbewertung, die in Theorie und Praxis die höchste Aufmerksamkeit erfahren.[42] Sie sind im deutschsprachigen Raum den Gesamtbewertungsverfahren zugeordnet und betrachten die Unternehmung als eine Bewertungseinheit. Der Unternehmenswert wird durch den erwarteten Gesamtertrag bestimmt.[43] Demgegenüber interpretieren die Einzelbewertungsverfahren die Unternehmung als die Summe

---

39 Vgl. Mandl, Rabel (1997), S. 15.

40 Siehe hierzu die Auflistung von Bewertungsanlässen in Anhang B2.1. Die Bewertungsanlässe aus einer Veränderung der Eigentumsverhältnisse können den Hauptfunktionen zugeordnet werden (siehe hierzu Anhang B2.2). Demgegenüber differenziert die Funktionslehre des Instituts der Wirtschaftsprüfer (IDW) nach Funktion als Berater, Funktion als neutraler Gutachter und Funktion als Schiedsgutachter (siehe zu Gemeinsamkeiten und Unterschieden Hayn (2000), S. 1346 – 1353).

41 Vgl. Mandl, Rabel (1997), S. 16-27. Coenenberg, Schulze fordern demnach eine Neugliederung der Funktionen bzw. Bewertungszwecke (vgl. Coenenberg, Schulze (2002), S. 599 f).

42 Vgl. Fn 14 zur regulatorischen Anwendung der DCF-Verfahren. Außerdem belegen Studien die praktische Dominanz der DCF-Verfahren. Lorenz (2009), S. 9-30 befragte im Zeitraum von Ende November 2008 bis Ende Februar 2009 die 400 größten deutschen börsennotierten Unternehmen aus dem CDAX mit einem Rücklauf von 142. Die Ergebnisse zeigen die Dominanz der DCF-Verfahren. 77,54% der Unternehmen setzen die DCF-Verfahren „oft" bis „immer" ein, insgesamt 96,38% der generellen Anwender; siehe ebenfalls Henselmann, Barth (2009), S. 27-32.

43 Vgl. Mandl, Rabel (1997), S. 29.

der isolierten Einzelwerte.[44] Die dritte Verfahrensgruppe bilden die sogenannten Misch- oder Kombinationsverfahren.[45]

Im Gegensatz zur deutschsprachigen Bewertungslehre differenziert die angelsächsische zwischen erfolgsorientierten Bewertungsverfahren („Income Approach"), substanzorientierten Bewertungsverfahren („Cost Approach") und marktorientierten Bewertungsverfahren („Market Approach").[46]

Die DCF-Verfahren basieren auf dem Kapitalwertkalkül und ermitteln den Unternehmenswert durch Diskontierung der zukünftigen, erwarteten finanziellen Überschüsse, welche den Unternehmenseignern sowie den Fremdkapitalgebern zufließen.[47] Folgende allgemein gültige Formel gilt für die DCF-Verfahren im Zwei-Phasen-Modell:

$$UW = \sum_{t=1}^{T} \frac{CF_t}{(1+i)^t} = \underbrace{\sum_{t=1}^{T} \frac{CF_t}{(1+i)^t}}_{\substack{\text{Detailplanungsphase} \\ \text{(Phase 1)}}} + \underbrace{\frac{RW_{CF,T}}{(1+i)^T}}_{\substack{\text{Restwert} \\ \text{(Phase 2)}}} \quad \text{mit } RW_{CF,T} = \frac{CF_{t+1}}{i - g_{CF}} \tag{2.1}$$

mit: UW = Unternehmenswert
CF_t = Cashflows im Zeitpunkt t
i = Kapitalisierungszinssatz
$RW_{CF,T}$ = konstanter Cashflow (Restwert in ewiger Rente)
g_{CF} = Wachstumsrate der Cashflows

Dabei kann der Unternehmenswert direkt (einstufig) durch Nettokapitalisierung oder indirekt (zweistufig) durch Bruttokapitalisierung errechnet werden. Nachfolgende Abbildung 2.2 zeigt die Klassifizierung unterschiedlicher DCF-Verfahren nach deren Kapitalisierung.

Die DCF-Verfahren können hinsichtlich unterschiedlicher Definitionen der bewertungsrelevanten Cashflows, der anzuwendenden Diskontierungszinssätze und

---

44 Vgl. Ernst, Schneider, Thielen (2008), S. 8.

45 Eine detaillierte Übersicht über die Verfahrensgruppen und deren verschiedenen Verfahrensausprägungen findet sich in Anhang B2.3.

46 Vgl. Seppelfricke (2007), S. 13 f; Die beiden vorgestellten Systematisierungssansätze der deutschsprachigen und angelsächsischen Bewertungslehre überschneiden sich: die erfolgs- und marktorientierten Verfahren entsprechen dem Gesamtbewertungsprinzip, die kostenorientierten Verfahren sind mit den Einzelbewertungsverfahren zu vergleichen. Die Mischverfahren sind keiner Kategorie zugeordnet (vgl. Sanfleber-Decher (1992), S. 598); siehe hierzu ebenfalls Anhang B2.3.

47 Im Kapitalisierungsfaktor i wird das unternehmerische Risiko abgebildet. Dies erfolgt über einen Zuschlag zum Kapitalisierungszinssatz, die sogenannte Risikozuschlagsmethode. Alternativ kann das Risiko über die Sicherheitsäquivalenzmethode berücksichtigt werden (Vgl. IDW S1 i. d. F. 2008, Tz 88, 89). Im weiteren Verlauf wird die Sicherheitsäquivalenzmethode nicht eingehender dargestellt und den Fokus auf die Risikozuschlagsmethode gelegt, was auch allgemeiner praktischer Verwendung entspricht.

der Berücksichtigung der Finanzierungsstruktur in verschiedene Varianten der DCF-Verfahren unterschieden werden.

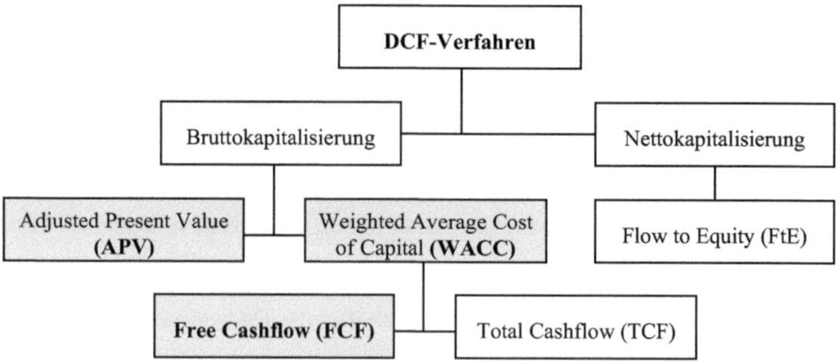

Abbildung 2.2: DCF-Verfahren nach Brutto- und Nettokapitalisierung
(Quelle: eigene Darstellung in Anlehnung an Baetge et al (2009), S. 341.)

Sofern identische Annahmen über das künftige Finanzierungsverhalten getroffen werden, führen jedoch alle drei Ansätze zu demselben Ergebnis.[48]

In den folgenden Unterkapiteln werden die unterschiedlichen Varianten der DCF-Verfahren vorgestellt und die wesentlichen theoretischen Grundlagen für den weiteren Gang der Arbeit gelegt. Besonderen Schwerpunkt wird hierbei aufgrund der praktischen Bedeutung auf den WACC-Ansatz gelegt.

2.3.2 WACC-Ansatz

Das Konzept der durchschnittlich gewogenen Kapitalkosten (Weighted Average Cost of Capital – kurz WACC)[49] in der Ausprägung des Free Cashflow-Ansatzes (FCF-Verfahren) ist der am häufigsten angewendete Bewertungsansatz der DCF-Verfahren.[50] Danach wird zunächst das Gesamtkapital des zu bewertenden Unter-

---

48 Vgl. Ernst, Schneider, Thielen (2008), S. 9; IDW S1 i.d.F. 2008, Tz 101. Dagegen sind Kruschwitz, Löffler (2001), S. 101-116 anderer Meinung. Sie argumentieren, dass nur bei sehr einfachen und realitätsfernen Annahmen diese Gleichung gelte, bei wirklichkeitsnähren Situationen die einzelnen Ansätze zu unterschiedlichen Ergebnissen kommen und stark von der zu Grunde gelegten Finanzierungspolitik abhängen.

49 Der WACC-Ansatz wird auch als Lehrbuchformel („Text Book Formula") bezeichnet und kommt in zwei Ausprägungen, die sich in den zu Grunde liegenden Cashflow-Größen unterscheiden – der Free Cashflow-Ansatz sowie der Total Cashflow-Ansatz. Aufgrund der praktischen Relevanz des Free-Cashflow-Ansatzes wird dieser oft fälschlicherweise mit dem WACC-Ansatz gleichgesetzt (vgl. Ernst, Schneider, Thielen (2008), S. 28-30).

50 Vgl. Lorenz (2009), S. 9-30.

nehmens ermittelt, indem die periodenspezifischen erwarteten Free Cashflows[51] mit den durchschnittlich gewogenen Kapitalkosten (WACC) diskontiert werden:

(2.2)
$$GK_{MW} = \sum_{t=1}^{T} \frac{FCF_t}{(1+WACC)^t} = \underbrace{\sum_{t=1}^{T} \frac{FCF_t}{(1+WACC)^t}}_{\substack{\text{Detailplanungsphase} \\ \text{(Phase 1)}}} + \underbrace{\frac{RW_{FCF,T}}{(1+WACC)^T}}_{\substack{\text{Restwert} \\ \text{(Phase 2)}}} + NBV$$

$$\text{mit } RW_{FCF,T} = \frac{FCF_{T+1}}{WACC - g_{FCF}}$$

mit:
GK_{MW} = Gesamtkapitalwert zu Marktwerten
FCF_t = Free Cashflows im Zeitpunkt t
$WACC$ = Kapitalisierungszinssatz
$RW_{FCF,T}$ = konstanter Free Cashflow (Restwert in ewiger Rente)
g_{FCF} = Wachstumsrate der Cashflows
NBV = Nicht betriebsnotwendiges Vermögen

Anschließend wird der Gesamtkapitalwert um den Wert des verzinslichen Fremdkapitals vermindert.[52] Das Konzept der durchschnittlich gewogenen Kapitalkosten in der Variante des FCF-Ansatzes unterstellt, dass der Gesamtkapitalwert nicht von der Art der Finanzierung abhängt.[53] Folglich stellen die zu diskontierenden Free Cashflows diejenigen Zahlungsüberschüsse dar, die sich bei einer reinen Eigenfinanzierung ergeben würden. Die aus einer anteiligen Fremdfinanzierung resultierende Steuerwirkung (das sogenannte Tax Shield) wird bei der Berechnung der durchschnittlich gewogenen Kapitalkosten berücksichtigt, indem die Renditeforderungen der Fremdkapitalgeber um die sich aus der anteiligen Fremdfinanzierung ergebende Steuervorteile vermindert werden.[54]

Die durchschnittlich gewogenen Kapitalkosten setzen sich aus den risikoäquivalenten Renditeforderungen der Eigen- und Fremdkapitalgeber unter Berücksichtigung der steuerlichen Abzugsfähigkeit der Fremdkapitalkosten zusammen, gewichtet mit den entsprechenden Eigen- und Fremdkapitalquoten zu Marktwerten:[55]

(2.3)
$$WACC = k_{EK,v}^{nSt} \times \frac{EK}{GK} + k_{FK} \times (1 - s_U) \times \frac{FK}{GK}$$

---

51 Es werden die Zahlungsüberschüsse ermittelt, die zur Befriedigung der Ansprüche aller Kapitalgeber zur Verfügung stehen. Eine Übersicht zur Ermittlung der Free Cashflows sowie der Überleitung zum Total Cashflow ist im Anhang B2.4 aufgezeigt. Siehe zudem das Fallbeispiel in Anhang A. Ebenso ist die grundsätzliche Vorgehensweise des WACC-Ansatzes in Anhang B2.4 schematisch abgebildet.

52 Vgl. Baetge et al (2009), S. 348.

53 Vgl. IDW S1 i. d. F. 2008, Tz 126; Drukarczyk, Schüler (2007), S. 205.

54 Vgl. Baetge et al (2009), S. 348.

55 Vgl. Baetge et al (2009), S. 349.

mit: WACC = Kapitalisierungszinssatz (durchschnittlich gewogenen Kapitalkosten)
$k^{nSt}_{EK,v}$ = Eigenkapitalkosten (=Renditeforderungen der Eigenkapitalgeber) eines verschuldeten Unternehmens nach Steuern
$\frac{EK}{GK}$ = Eigenkapitalquote zu Marktwerten
k_{FK} = Fremdkapitalkosten (=Renditeforderung der Fremdkapitalgeber nach Steuern)
s_U = Unternehmenssteuersatz
$\frac{FK}{GK}$ = Fremdkapitalquote zu Marktwerten

Zur Bestimmung der Eigenkapitalkosten wird im Allgemeinen auf das kapitalmarktorientierte Capital Asset Pricing Model (CAPM)[56] zurückgegriffen.[57] Demnach wird zur Bestimmung der individuellen Eigenkapitalkosten nur das systematische Risiko (z.B. Konjunkturzyklen), welches den Gesamtmarkt betrifft, berücksichtigt. Das unsystematische (unternehmensspezifische) Risiko wie beispielsweise Managementfehler, das durch Diversifizierung eliminiert werden kann, ist unbedeutend für die Bestimmung.[58]

Das CAPM ermittelt die Eigenkapitalkosten aus der Summe von risikolosem Zins r_f (Basiszinssatz) und einem unternehmensindividuellen Risikozuschlag, der sich aus dem Produkt von Marktrisikoprämie $(r_M - r_f)$ und dem unternehmensindividuellen, systematischen Risiko, dem Beta-Faktor β, zusammensetzt:

(2.4) $$k^{nSt}_{EK,v} = r_f + \underbrace{(r_M - r_f)}_{MRP} \times \beta$$

Der risikolose Zinssatz r_f lässt sich aus den langfristig erzielbaren Renditen öffentlicher Anleihen ableiten, da diese - wie im Fall der Bundesrepublik Deutschland - mit einem AAA-Rating[59] als „quasi-sicher" der Forderung nach einer risikofreien Kapitalmarktanlage entsprechen.[60] Die Marktrisikoprämie bildet den Marktpreis für die Risikoübernahme ab, wenn anstelle in risikolose Staatsan-

56 Das CAPM leitet sich aus der Portfolio-Theorie nach Markowitz ab (siehe hierzu grundlegende Arbeit „Portfolio Selection" (1952)) und basiert grundlegend auf den Arbeiten von William F. Sharpe: „Capital Asset Prices: A Theory of Market Equilibrium under Conditions of Risk." The Journal of Finance 19, 1964, S. 425-442; John Lintner: "Security Prices, Risk and Maximal Gains from Diversification." The Journal of Finance 20, 1965, S. 587 ff; von Jan Mossin: "Equilibrium in a Capital Asset Market." Econometrica, Vol. 34 (1966), S. 768-783.

57 Vgl. IDW S1 i.d.F. 2008, Tz 92. In der Praxis nutzen 97% der befragten Unternehmen einer Studie von KPMG zufolge das CAPM als Konzeption zur Ermittlung der Eigenkapitalkosten (KPMG (2009), S. 29).

58 Vgl. Dörschell, Franken, Schulte (2009), S. 19. Siehe darüber hinaus zum systematischen und unsystematischen Risiko sowie zur Begriffsdefinition IDW S1 i.d.F. 2008, Tz 88-92.

59 Vgl. Standard & Poor's (2011).

leihen in das Marktportfolio investiert wird.[61] Der Beta-Faktor β ist ein Volatilitätsmaß für das systematische, unternehmensindividuelle Risiko und zeigt die relative Renditeentwicklung des einzelnen Wertpapiers zur Renditeentwicklung des diversifizierten Marktportfolios, welche durch die systematische Schwankungsbreite im Verhältnis zur Schwankungsbreite des Marktes ausgedrückt werden kann:[62]

(2.5)
$$\beta = \rho_{i,m} \times \frac{\sigma_{r_i}}{\sigma_{r_m}} = \frac{Cov(r_j, r_m)}{Var(r_m)}$$

mit: $\rho_{i,m}$ = Korrelationskoeffizient von r_i und r_m

σ_{r_i} = Standardabweichung der Rendite des risikobehafteten Wertpapiers

σ_{r_m} = Standardabweichung der Rendite des Marktportfolios

$Cov(r_j, r_m)$ = Kovarianz von Rendite des risikobehafteten Wertpapiers & Rendite des Marktportfolios

$Var(r_m)$ = Varianz der Rendite des Marktportfolios

Die Fremdkapitalkosten errechnen sich als gewogener durchschnittlicher Kostensatz der einzelnen Fremdkapitalformen.[63] In der obigen Formel zur Berechnung des WACC wird vereinfachend in Eigenkapital und als weitere Finanzierungsart allgemein in verzinsliches Fremdkapital unterschieden. Bei der Bestimmung der marktgewichteten Kapitalstruktur kann einerseits die gegenwärtige Kapitalstruktur als zukünftige unterstellt werden, andererseits kann eine Zielkapitalstruktur angenommen werden.[64]

Im Gegensatz zum Free Cashflow-Ansatz (FCF-Ansatz) wird beim Total Cashflow-Ansatz (TCF-Ansatz) das Tax Shield, die Steuerersparnis aufgrund der Abzugsfähigkeit der Fremdkapitalzinsen, bereits bei der Cashflow-Ermittlung be-

---

60 Vgl. Wagner (2007), S. 104-107. Zur Bestimmung des risikolosen Basiszinssatzes siehe Anhang B3.5, in dem das Verfahren nach der Svensson-Methode dargestellt und für die Jahre 2007 bis 2010 angewendet sowie der Basiszinssatz berechnet wird.

61 Vgl. Wagner (2007), S. 67.

62 Vgl. Dörschell, Franken, Schulte (2009), S. 20.

63 Vgl. Wagner (2007), S. 133.

64 Vgl. Ernst, Schneider, Thielen, (2008), S. 47-51. Bei einer nicht definierten Kapitalstruktur existiert ein Zirkularitätsproblem, da für die Berechnung des korrekten Kapitalkostensatzes der Marktwert des Eigenkapitals als Input-Größe notwendig ist, diese jedoch letztlich das Ergebnis des Bewertungsvorgangs darstellt. Dieses Problem ist iterativ zu lösen, wird in dieser Arbeit jedoch nicht weiter thematisiert. Ebenfalls wird auf eine Darstellung der unterschiedlichen Finanzierungsformen (autonome vs. wertorientiere bzw. atmende Finanzierungspolitik) und deren Auswirkungen auf die Kapitalstruktur bzw. Unternehmensbewertung verzichtet.

rücksichtigt. Folglich wird das Tax Shield bei den durchschnittlich gewogenen Kapitalkosten nach dem TCF-Ansatz nicht mehr als Minderung eingerechnet.[65]

2.3.3 APV-Ansatz

Bei der Ermittlung des Unternehmenswerts nach dem Konzept des angepassten Barwerts (Adjusted Present Value-Ansatz – kurz APV) wird ebenso wie bei dem WACC-Ansatz zunächst der Gesamtkapitalwert berechnet und anschließend der Wert des Fremdkapital subtrahiert. Der Gesamtkapitalwert wird hierbei unter der Annahme einer ausschließlichen Eigenfinanzierung komponentenweise bestimmt. Im ersten Schritt wird der Marktwert des fiktiv angenommenen unverschuldeten Unternehmens durch Diskontierung der Free Cashflows (FCF)[66] mit den Eigenkapitalkosten eines unverschuldeten Unternehmens, d.h. mit einer risikoäquivalenten Renditeforderung der Eigentümer bei reiner Eigenfinanzierung, ermittelt.[67] Diese lassen sich unter Anwendung der Modigliani-Miller-Formel aus den Eigenkapitalkosten eines verschuldeten Unternehmens ableiten:[68]

$$k_{EK,u} = k_{EK,v} \times \frac{1}{1+(1-s)\times\frac{FK}{EK}} \tag{2.6}$$

mit:
- $k_{EK,u}$ = Eigenkapitalkosten (=Renditeforderung der Eigenkapitalgeber) eines unverschuldeten U'ens
- $k_{EK,v}$ = Eigenkapitelkosten (=Renditeforderung der Eigenkapitalgeber) eines verschuldeten Unternehmens
- s_U = Unternehmenssteuersatz
- $\frac{FK}{EK}$ = Verschuldungsgrad

Die Auswirkungen einer Fremdfinanzierung (Kapitalstruktureffekt) werden im zweiten Schritt als Barwert der aus der anteiligen Fremdfinanzierung resultierenden Tax Shields (Steuerersparnis aufgrund der steuerlichen Abzugsfähigkeit der Fremdkapitalzinsen) zum Marktwert des unverschuldeten Unternehmens addiert.[69] Die Tax Shields werden mit dem Fremdkapitalkostensatz diskontiert.[70]

---

65 Vgl. Baetge et al (2009), S. 348. Da der TCF-Ansatz kaum praktische Anwendung findet, wird auf eine weitere Ausführung verzichtet.

66 Siehe hierzu Anhang B2.4, in der das Berechnungsschema der Free Cashflows dargestellt ist.

67 Vgl. IDW S1 i.d.F. 2008, Tz 136, 137; Baetge et al (2009), S. 350. Hierin liegt ein praktisches Problem, da derartige Renditeforderungen in der Realität nicht zu beobachten sind.

68 Vgl. Dörschel, Franken, Schulte (2009), S. 8. Alternativ können die Eigenkapitalkosten eines unverschuldeten Unternehmens unter Anwendung des Beta-Faktors eines unverschuldeten Unternehmens (Asset Beta) im CAPM berechnet werden.

69 Vgl. Drukarczyk, Schüler (2007), S. 231 f.

70 Vgl. Ballwieser (2007), S. 123. Dieser entspricht bei nicht ausfallgefährdetem Fremdkapital dem risikolosen Zinssatz $k_{FK} = r_f$

(2.7) $$GK_{MW} = \underbrace{\sum_{t=1}^{T} \frac{FCF_t}{(1+k_{EK,u})^t} + \frac{RW_{FCF,T}}{(1+k_{EK,u})^T}}_{\text{1. Komponente: Marktwert des unverschuldeten Unternehmens}} + \underbrace{\sum_{t=1}^{T} \frac{t \times k_{FK} \times FK_t}{(1+k_{FK})^t} + \frac{t \times k_{FK} \times FK_{t+1}}{(1+k_{FK})^T \times k_{FK}}}_{\text{2. Komponente: Wertbeitrag der Tax Shields}}$$

mit: GK_{MW} = Gesamtkapitalwert zu Marktwerten
FCF_t = Free Cashflows im Zeitpunkt t
$k_{EK,u}$ = Eigenkapitalkosten (=Renditeforderungen der Eigenkapitalgeber) eines unverschuldeten U'ens
$RW_{FCF,T}$ = konstanter Cashflow (Restwert in ewiger Rente)
k_{FK} = Fremdkapitalkosten (=Renditeforderungen der Fremdkapitalgeber)
FK = Nicht betriebsnotwendiges Vermögen

2.3.4 Equity-Ansatz

Der Equity-Ansatz ermittelt als einzige Variante der DCF-Verfahren den Wert des Eigenkapitals unmittelbar. Dazu werden die den Eigentümer zufließenden Überschüsse (Flows to Equity – kurz FtE) mit den Eigenkapitalkosten (eines verschuldeten Unternehmens) diskontiert.[71] Die aus einer anteiligen Fremdfinanzierung resultierenden Zahlungen (Fremdkapitalzinsen, -aufnahme und -tilgung) sowie die Steuerersparnis sind in der Berechnung der Netto-Cashflows zu berücksichtigen. Die FtE sind mit dem Kapitalkostensatz abzuzinsen, der einerseits das operative Risiko, andererseits auch das Finanzierungsrisiko abbildet.[72] Dieser Kapitalkostensatz, die risikoäquivalente Renditeforderung der Eigentümer, wird in der Regel auf Basis des kapitalmarktorientierten CAPM bestimmt:[73]

(2.8) $$EK_{MW} = \sum_{t=1}^{T} \frac{FtE}{(1+k_{EK,v})^t} + \frac{RW_{FtE}}{(1+k_{EK,v})^T} \quad \text{mit} RW_{FtE} = \frac{FtE_{T+1}}{(k_{EK,v} - g_{FtE})}$$

mit: EK_{MW} = Gesamtkapitalwert zu Marktwerten
FtE_t = Flow to Equity – den Eigentümer zufließender Cashflow im Zeitpunkt t
$k_{EK,v}$ = Eigenkapitalkosten (=Renditeforderungen der Eigenkapitalgeber) eines verschuldeten U'ens
$RW_{FtE,T}$ = konstanter Cashflow (Restwert in ewiger Rente)
g_{FtE} = Wachstumsrate der Cashflows (FtE)

Der Equity-Ansatz gleicht grundsätzlich der Ertragswertmethode. Einzig die Definition der Kalkulationszinssätze unterscheidet beide Verfahren, da die Ertragsmethode ohne Rückgriff auf kapitalmarktorientierte Modelle die Kalkulationszinssätze aus der Rendite der besten Alternativanlage bestimmt.[74]

---

71 Siehe Anhang B2.5, in dem das Berechnungsschema der Flows to Equity (FtE) dargestellt ist.
72 Vgl. IDW S1 i. d. F. 2008, Tz 138.
73 Vgl. Baetge et al (2009), S. 352.
74 Vgl. Baetge et al (2009), S. 352.

3 DCF-Verfahren im Economic Distress: Auswirkungen der Finanz- und Wirtschaftskrise 2007 bis 2009

3.1 Darstellung der Finanz- und Wirtschaftskrise

Economic Distress wird in der einschlägigen Literatur nicht eindeutig definiert und abgegrenzt.[75] Es existiert kein allgemeiner Konsens über das Verständnis des Begriffes. Ein überwiegender Teil jedoch sieht im Economic Distress einen allgemeinen Abschwung innerhalb einer oder mehrerer Branchen und betrachtet somit Economic Distress aus einer makroökonomischen Perspektive.[76]

Die Jahre 2007 bis 2009 standen vollständig im Zeichen der schwersten Finanz- und Wirtschaftskrise seit dem Zweiten Weltkrieg. Wenn auch, insbesondere in Deutschland[77], eine positive und unerwartet starke Erholung der Wirtschaft zu verzeichnen ist, so hat die Finanz- und Wirtschaftskrise tiefe Spuren hinterlassen und insbesondere die Industrienationen in eine tiefe Rezession gestürzt.[78] Die Wirtschaftsleistung[79] in Deutschland sank von 2008 auf 2009 um 4,7%, in USA um 2,6%. Weltweit verringerte sich die Wirtschaftsleistung um 0,6% und weist damit erstmalig seit den Aufzeichnungen eine Schrumpfung aus (siehe Abbildung 3.1.).

Die Industrieproduktion brach in Deutschland dramatisch von 2008 auf 2009 um 17,2% ein, in den USA um 9,3%.[80] Ebenfalls brach der internationale Handel ein und zog die Exportnation Deutschland und damit insbesondere die exportorientierten Branchen wie der Maschinenbau und der Automobilbranche in eine existenzbedrohende Krise.[81]

---

75 Vgl. Andrade, Kaplan (1997), S. 3; Opler, Titman (1994), S. 1020 f.

76 Vgl. Weckbach (2004), S. 28.

77 Siehe hierzu Jahreswirtschaftsbericht 2011 des Bundesministeriums für Wirtschaft und Technologie (vgl. BMWi (2011), S. 7).

78 Vgl. zu den Ursachen, Verlauf und Folgen der Finanz- und Weltwirtschaftskrise 2007 bis 2009 u.a. Rudolph (2009), S. 713-741; Klodt, Lehment (2009); Eisenbeis (2010); Dadkhah (2009), S. 241-260; Bundesbank (2008), S. 1- 99; Bundesbank (2009), S. 1-100.

79 Die Wirtschaftsleistung wird im Bruttoinlandsprodukt (BIP) bzw. Gross Domestic Product (GDP) ausgedrückt.

80 Siehe hierzu Anhang B3.1, in dem die Industrieproduktion in Deutschland und den USA von 2007 bis 2010 tabellarisch dargestellt ist.

81 Vgl. Creditreform Bericht (2010a), S. 1.

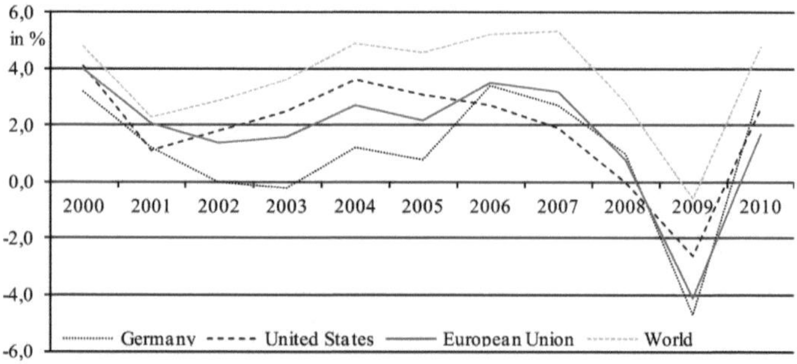

Abbildung 3.1: Entwicklung des Bruttoinlandsprodukts (BIP) in % zum VJ
(Quelle: eigene Darstellung, Datenabruf am 02.02.2011 unter IMF Data Mapper)

Dieser beispiellosen Abwärtsbewegung der Realwirtschaft ging eine Finanzmarktkrise voraus, welche ihren Ursprung in der Subprime-Krise in den USA hatte und extreme Verwerfungen auf den Kapitalmärkten, dargestellt am DAX, Dow Jones sowie Euro Stoxx 50 in Abbildung 3.2, zur Folge hatte.[82]

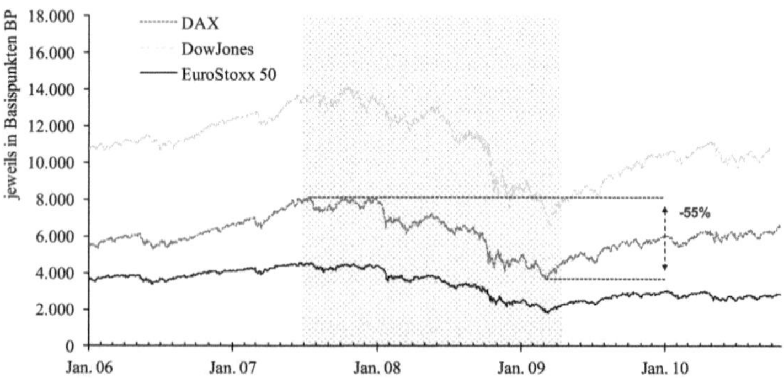

Abbildung 3.2: Entwicklung des DAX, DowJones & Euro Stoxx 50
(Quelle: eigene Darstellung, Datenabruf am 25.10.2010 unter de.finance.yahoo.com)

3.2 Auswirkungen auf die Parameter der DCF-Verfahren

3.2.1 Cashflows

Eine Unternehmensbewertung nach den DCF-Verfahren ermittelt den Unternehmenswert durch Diskontierung zukünftiger Cashflows. Das Prinzip der Zukunfts-

82 Siehe hierzu ebenfalls Anhang B3.2 und B3.3, in dem die Entwicklungen des World Index Standards sowie des VDAX (DAX-Volatilitätsindex) dargestellt sind. Letzterer misst die implizite Volatilität, d.h. die erwartete Preisschwankung, des DAX-Index.

bezogenheit ist ein zentraler Grundsatz der DCF-Verfahren[83] und stellt im Umkehrschluss auch das wesentliche Problemfeld jener dar. Jede Unternehmensbewertung ist von Unsicherheit bestimmt und letztlich nur eine Schätzung und keine Zählung.[84]

Insbesondere in Zeiten einer Wirtschaftskrise sind Planungsaussagen über zukünftige Cashflows mit großer Unsicherheit verbunden und können extremen Schwankungen unterliegen. Die Werttreiber der Cashflows wie Umsatz, EBIT-Marge oder Investitionsquote sind kaum verlässlich zu bestimmen wie nachfolgende Tabelle 3.1 am Beispiel der Daimler darlegt.

DAIMLER AG in Millionen €	2006	2007	**2008**	**2009**
Umsatz	99,222	101,569	**98,469**	**78,924**
Umsatz in % des VJ	4.21%	2.37%	**-3.05%**	**-19.85%**
Operating Profit (EBIT) in % des Umsatzes	5.00%	8.60%	**2.80%**	**-1.90%**
Investitionsquote SAV in % des Umsatz	5.92%	4.18%	**3.61%**	**3.07%**
Free Cash Flow des Industriegeschäfts	2,679	7,637	**-3,915**	**2,706**

Tabelle 3.1: Ausgewählte Werte aus dem Geschäftsbericht der Daimler AG[85]
(Quelle: Daimler AG (2009))

Die Konzentration der Unternehmensführung verlagert sich in Krisen auf kurzfristige Maßnahmen, die kurzfristige Liquiditätsplanung und –sicherung rückt in den Mittelpunkt[86], die langfristige Strategieausrichtung verliert temporär an Bedeutung. Investitionen werden verschoben, umfangreiche Kostensenkungsprogramme zum Fixkostenabbau aufgelegt.[87] Jedoch wird sich die langfristige Prognose der Unternehmen nur unwesentlich verändern. Ziele werden später erreicht, Erwartungen leicht reduziert und geringfügige Anpassungen vorgenommen.[88] Dementgegen ist die Wahrscheinlichkeit, dass Unternehmen in Krisenzeiten einen negativen Cashflow ausweisen (wie auch Tabelle 3.1. zeigt), hoch. Jedoch führt die Bewertung – die Diskontierung negativer Zahlungs-

83 Vgl. Münstermann (1966), S. 21: „[...] für das gewesene gibt der Kaufmann nichts."

84 Vgl. Jonas (2009), S. 542.

85 Die Werte sind der 10-Jahres-Übersicht im Geschäftsbericht 2009 entnommen (vgl. gesamter Auszug in Anhang B3.4).

86 Siehe zur Bedeutung der Liquiditätsplanung im Vorfeld einer drohenden Insolvenz IDW EPS 800 n.F..

87 Siehe hierzu beispielsweise den Geschäftsbericht 2009 der Daimler AG, in der Maßnahmen zur Kostenreduktion und Effizienzsteigerung beschrieben sind. Insgesamt wurden dadurch 5,3 Mrd. € eingespart (vgl. Daimler (2009)).

88 Vgl. Jonas (2009), S. 541.

überschüsse ergibt einen negativen Barwert – zu falschen Unternehmenswerten.[89] Es ist in solchen Fällen zu prüfen, ob alternative DCF-Verfahren einen positiven Cashflow ausweisen (die Zahlungsüberschüsse FtE beim Equity-Ansatz sind aufgrund der zu leistenden Kapitaldienste Zins- und Tilgungszahlungen geringer als beim FCF-Ansatz). Alternativ können negative Cashflows mit anderen Diskontierungszinssätzen abgezinst werden als positive. Hierbei kann beispielsweise auf den risikolosen Zinssatz, ggf. mit einem Risikoabschlag, zurückgegriffen werden.[90]

Insgesamt ist zu konstatieren, dass aufgrund des geringen Einflusses des Barwerts im Detailprognosehorizont auf den Unternehmenswert und der langfristig geringfügigen Änderung der Planungsprognose im Terminal Value die Auswirkungen auf den Cashflow respektive den Unternehmenswert überschaubar und beherrschbar sind.[91] Um den gestiegenen Unsicherheiten jedoch adäquat zu begegnen und etwaige Schwankungen in die Bewertung einzubeziehen, ist es ratsam, Schwankungsbreiten unter Zuhilfenahme von Szenarioanalysen darzustellen. Darüber hinaus ist es sinnvoll, den Detailprognosehorizont, welcher in der Regel 3-5 Jahre umfasst, aufzuteilen in eine zwei- bis dreijährige Detailplanung mit anschließender Grobplanung, welche ebenfalls zwei bis drei Jahre umfassen kann.[92] Letztlich wird somit das geplante und projizierte Cashflow-Niveau in der ewigen Rente möglicherweise um ein oder zwei Jahre später erreicht.

3.2.2 Kapitalisierungszinssatz

Die Eigenkapitalkosten sind unter Rückgriff auf das CAPM[93] durch folgende Bestandteile determiniert, auf denen der Fokus der folgenden Untersuchung liegt:

$$k_{EK} = r_f + \underbrace{(r_M - r_f)}_{MRP} \times \beta \quad (3.1)$$

---

[89] Erstens wird unterstellt, dass im Falle eines negativen Cashflows eine Kapitaleinlage in gleicher Höhe erfolgt und zweitens sind die negativen Auswirkungen eines negativen Cashflows je höher der Diskontierungszinssatz (aufgrund einem erhöhten Risiko und folglich höherer Risikoprämie) auf den Barwert und somit auf den Unternehmenswert umso geringer (vgl. Ernst, Schneider, Thielen (2008), S. 155 f).

[90] Vgl. Ernst, Schneider, Thielen (2008), S. 155 f.

[91] Vgl. Wagner (2007), S. 55; Frühling (2004), S. 741-746; siehe hierzu ergänzend das Fallbeispiel in Anhang A, bei dem der Barwert im Detailprognosehorizont ca. 20% ausmacht.

[92] Siehe dazu ebenfalls das Fallbeispiel in Anhang A3, bei dem die fünfjährige Detailplanung auf zwei Jahre reduziert wird und mit einer drei jährigen Grobplanung in den „eingeschwungenen Zustand" überführt.

mit: k_{EK} = Renditeforderung der Eigenkapitalgeber eines verschuldeten Unternehmens
r_f = Risikoloser Basiszinssatz
r_M = Marktrendite
MRP = Marktrisikoprämie
β = Unternehmensindividuelles Risiko

Risikoloser Basiszins

Der Basiszinssatz repräsentiert eine risikolose alternative Anlagemöglichkeit am Kapitalmarkt gegenüber einer Investition in das zu bewertende Unternehmen und ist als eine Mindestrenditeerwartung eines Investors anzusehen.[94] In der Bewertungstheorie und -praxis wird zur Ermittlung auf Staatsanleihen zurückgegriffen, da diese als „quasi-sicher" zu charakterisieren sind.[95]

Jedoch empfiehlt der IDW aufgrund der zu beachtenden Laufzeitäquivalenz bei der Bewertung von zeitlich unbegrenzten Unternehmen und in Ermangelung von Staatsanleihen mit unbegrenzten Laufzeiten, den Basiszins von aktuellen Zinsstrukturkurven abzuleiten.[96] Auf dieser Grundlage ergab sich ein Basiszinssatz in der Vergangenheit von 4,0% bis 4,5%.[97] In der Finanz- und Wirtschaftskrise hat sich der Verlauf der Zinsstrukturkurve von einer sehr flachen hin zu einer steileren Zinsstrukturkurve im kurzfristigen Bereich, wie in nachfolgender Abbildung 3.3 dargestellt, verändert[98]:

Wesentlichen Einfluss auf diese Veränderung der Zinsstrukturkurve hat die Reduktion der kurzfristigen Zinsen, welche in engem Zusammenhang mit einer erheblichen Erhöhung der verfügbaren Geldmenge durch die Europäische Zentralbank Ende 2008 und 2009 steht.[99] Die Renditen der langfristigen Staatsanleihen

---

93 Vgl. Fn 55, 56 (Seite 14), in der die Bedeutung und Verbreitung des CAPM dargestellt ist.

94 Vgl. Baetge et al (2009), S. 354; Obermaier (2008), S. 493-507.

95 Vgl. IDW S1 i. d. F.2008, Tz 116, 117; im Zuge der Finanz- und Wirtschaftskrise sind einige Staaten jedoch in finanzielle Schwierigkeiten geraten und ratingtechnisch abgestuft worden. Demnach wird die Fragestellung diskutiert, ob zur Berechnung des risikolosen Basiszinssatz auf Daten deutscher Staatsanleihen (d.h. Zinsstrukturkurve der Deutschen Bundesbank) oder europäischen Staatsanleihen (d.h. Zinsstrukturkurve der Europäischen Zentralbank), welche die stark risikobehafteten Anleihen beispielsweise von Portugal, Irland, Griechenland oder Spanien (als die „PIGS"-Staaten bezeichnet) berücksichtigen, zurückgegriffen werden sollte. Siehe hierzu weiterführend Jonas (2009), S. 543.

96 IDW S1 i. d. F. 2008, Tz 117.

97 Vgl. Wagner (200), S. 106; Wagner, Saur, Willershausen (2008), S 731-747.

98 Siehe darüber hinaus Anhang B3.5, in der die Zinsstrukturkurven über 249 Jahre dargestellt und deren Veränderung im Zeitablauf zu einer sehr steilen Zinsstrukturkurve im kurzfristigen Bereich eindeutig zu erkennen ist.

99 Vgl. Ruiz Vargas, Zollner (2010), S. 2; siehe hierzu ebenfalls die Entwicklung des EURIBOR 1-bis 12-monatigen Geldmarktinssatzes im Anhang B3.6.

haben sich hingegen nur geringfügig verändert und liegen sogar unter denen der Zinsstrukturkurve.[100]

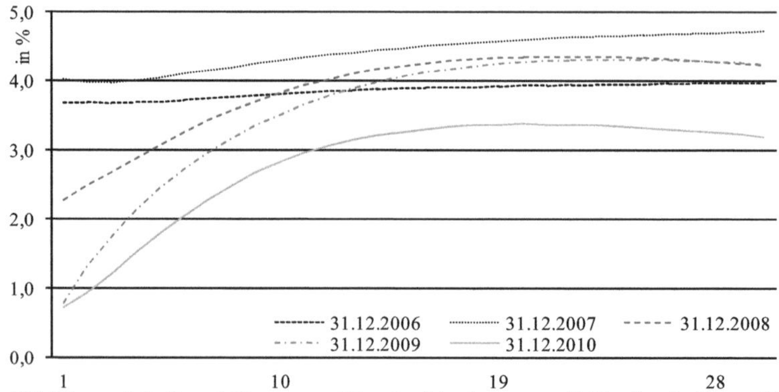

Abbildung 3.3: Darstellung von Zinsstrukturkurven mit Restlaufzeit von 30 Jahren zu unterschiedlichen Zeitpunkten

(Quelle: eigene Berechnungen, Datenabruf unter Bundesbank.de)[101]

Durch diese Entwicklungen, insbesondere durch die außerordentlich niedrigen Zinsen im kurzfristigen Bereich sowie der hohen Schwankungsbreite und zunehmend sehr niedrigen Beta0-Werten[102], die sich als sehr langfristigen Zinssatz interpretieren lassen[103], sind im Langfristbereich stark abfallende Zinsstrukturkurven und folglich sinkende Basiszinssätze zu konstatieren (siehe linke Spalte nachfolgender Tabelle 3.2):[104]

Daraufhin hat der IDW im Oktober 2008 reagiert und zur Ermittlung des Basiszinssatzes über eine Laufzeit von 30 Jahren hinaus (d.h. zur Bewertung von Unternehmen mit unbegrenzter Lebensdauer) den Auswertungszeitraum der Berechnung auf 30 Jahre verkürzt und die Verwendung der 30-jährigen geschätzten Rendite empfohlen (siehe mittlere Spalten der Tabelle 3.2).[105]

Letztlich hängt die Bestimmung des Basiszinssatzes wesentlich von der Einschätzung der zukünftigen Entwicklung ab. Wird die aktuelle Marktsituation und Zinsniveau als temporär angesehen mit einer zeitnahen Erholung auf ein Niveau vor

---

100 Siehe hierzu die Entwicklung des Deutschen Rentenindex (REX), dargestellt im Anhang B3.7.

101 Siehe hierzu Anhang B3.5, in dem das Schema nach Empfehlung des IDW sowie die Berechnungen zu den jeweiligen Zeitpunkten dargestellt sind.

102 Siehe hierzu die Entwicklung des Beta0-Faktors, dargestellt im Anhang B3.8.

103 Vgl. Deutsche Bundesbank (1997), S. 65.

104 Vgl. Ruiz Vargas, Zollner (2010), S. 3f; Jonas (2009), S. 543.

der Krise, so ist das jetzige, berechnete Niveau wohl eher unbedeutend. Ist jedoch mit einem langfristig niedrigen Zinsniveau zu rechnen, sollte eine Korrektur unter 4,25% vorgenommen werden.[106] Der berechnete Ansatz von 3,25% scheint jedoch nicht angemessen und zu niedrig zu sein.

	249J RLZ	**30J RLZ**	**30J RLZ gerundet**	**einheitlicher Basiszinssatz**[107]
31.12.2006	4.06416	3.98337	4.00	4.00
31.12.2007	4.84988	4.72838	4.75	4.72
31.12.2008	2.88945	4.25196	4.25	3.50
31.12.2009	2.36956	4.25843	4.25	3.12
31.12.2010	1.57779	3.21031	3.25	2.05

Tabelle 3.2: Basiszinssätze mit Restlaufzeiten von 249 Jahren und 30 Jahren zu unterschiedlichen Zeitpunkten
(Quelle: eigene Berechnung, Datenabruf unter Bundesbank.de))

Marktrisikoprämie

Die Marktrisikoprämie ist ein Bestandteil zur Berücksichtigung des Risikos auf Grundlage des CAPM und stellt den Marktpreis des systematischen Risikos dar. Die Schätzung zukünftiger Marktrisikoprämien erfolgt überwiegend unter Rückgriff auf historische Risikoprämien (Aktien- bzw. Marktrenditen abzüglich risikofreier Staatsanleihen).[108]

Vor der Krise lag die Marktrisikoprämie bei einer Größenordnung von 4,0% bis 5,0%. Diese Werte beruhen auf einer Studie von Stehle, welche für die Jahre 2004 bis 2008 von Reese fortgesetzt wurde. Nach der Steuerreform 2008, ab dem 01.01.2009, wurde die Bandbreite vom IDW auf 4,5% bis 5,5% erhöht.[109]

Die Finanz- und Wirtschaftskrise hat differenzierte, teils erhöhende, teils mindernde Effekte auf die Marktrisikoprämie. Die gestiegene Unsicherheit an den Kapitalmärkten[110], die Ungewissheit über den Fortgang der Krise und der Entwicklung der Realwirtschaft ergeben ein erhöhtes Risiko, welches sich in

---

105 Vgl. FN-IDW 2008, S. 491, zitiert nach Ruiz Vargas, Zollner (2010), S.3.

106 Vgl. Zwirner, Reinholdt (2009), S. 391.

107 Der einheitliche Basiszinssatz kann zur Diskontierung von konstant, stetig wachsenden Zahlungsreihen wie im Terminal Value herangezogen werden. Siehe hierzu Anhang B3.5.

108 Vgl. KPMG (2009), S. 35f. Nach einer Studie leiten in Deutschland 17% der Unternehmen die Marktrisikoprämie aus empirischen Studien ab, 64% folgen den Empfehlungen von nationalen Wirtschaftsprüfungskammern, die wiederum ihre Empfehlung auf Studien aufbauen.

109 Vgl. Ruiz Vargas, Zollner (2010), S. 5.

110 Siehe hierzu die Entwicklung des VDAX, dargestellt im Anhang B3.3.

steigenden Marktrisikoprämien niederschlägt. Dementgegen ist die Aktien- bzw. Marktrendite im Zuge der Finanz- und Wirtschaftskrise am Beispiel des DAX zeitweise um ca. 55% gesunken.[111] In Folge dessen würde unter Einbezug der Daten aus 2008 und 2009 somit die historische Marktrisikoprämie im Durchschnitt sinken.[112]

Der IDW bestätigt unter Beachtung der Entwicklungen im Zuge der Finanz- und Wirtschaftskrise die Bandbreite von 4,5% bis 5,5%[113], welche in der Praxis mehrheitlich angewandt wird.[114] Dem ist unterstützend zu ergänzen, dass die von Stehle berechneten Marktrisikoprämien bereits explizit konjunkturelle Schwankungen, Krisen- wie Erfolgszeiten, enthalten und somit in den Marktrisikoprämien entsprechend bepreist sind.[115] Insgesamt ist unter Berücksichtigung gegebener Entwicklungen[116] wohl ein Ansatz am oberen Ende angebracht, genaue Aussagen lassen ich jedoch erst ex-post mittels empirischen Studien ableiten.

Beta-Faktor

Der Beta-Faktor ist die zentrale Variable des CAPM und dient zur Bestimmung des unternehmensindividuellen Risikos.[117] Dieser Faktor gibt als Risikomaß die systematische[118] Schwankungsbreite (Volatilität) eines Wertpapiers[119] im Verhältnis zur Schwankungsbreite des Gesamtmarktes an. Alternativ lässt er sich als Kovarianz der Renditen des Wertpapiers und des Marktes in Bezug zur Varianz der Marktrendite ausdrücken.[120] Ist das zu bewertende Unternehmen nicht börsenno-

---

111 Siehe hierzu Abbildung 3.2 des Deutschen Aktienindex (DAX) auf Seite 19.
112 Vgl. Jonas (2009), S. 544.
113 Vgl. FN-IDW 2009, S. 697, zitiert nach Ruiz Vargas, Zollner (2010), S. 7.
114 Vgl. KMPG (2009), S. 36.
115 Vgl. Dörschell, Franken, Schulte (2009), S. 271 f.
116 Hier ist insbesondere an die Volatilität und vorherrschende Unsicherheit zu denken.
117 Vgl. Berner et al (2005), S. 711.
118 Siehe zur Abgrenzung von unsystematischem und systematischem Risiko Anhang B3.11.
119 Ebenfalls können Beta-Faktoren einer Peer Group oder Branche ermittelt werden.
120 Siehe hierzu Grundlagenkapitel 2.3.2. Der Beta-Faktor, das zukünftig erwartete systematische Risiko, ist grundsätzlich zukunftsorientiert zu schätzen. In der Praxis hingegen werden die Beta-Faktoren aus historischen Daten ermittelt und ggf. um notwendige Anpassungen aufgrund verschiedener Prognosen angepasst. Einer Studie von KPMG zufolge ermitteln 92% der befragten Unternehmen den Beta-Faktor aus historischen Daten (Vgl. KMPG (2009), S. 37-39). Demgegenüber stehen neben der Ermittlung des Beta-Faktors aus historischen Daten alternative Methoden zur Bestimmung des Beta-Faktor zur Verfügung. Einerseits können die Beta-Faktoren aus fundamentalen Daten abgeleitet werden, andererseits zukunftsorientiert mithilfe des CAPM als ex-ante Modell.(Vgl. Dörschell, Franken und Schulten (2009), S. 116-122. Letzt genannten Alternativen haben sich jedoch in der Praxis nicht durchgesetzt. (siehe weiterführende Literatur Zimmermann (1997), S. 259-279; Rausch (2007), S. 106-200; Gebhardt, Daske (2004).

tiert, so erfolgt die Ermittlung des unternehmensindividuellen Risikomaßes unter Rückgriff auf eine geeignete Peer-Group.[121]

In den Jahren der Finanzmarkt- und Wirtschaftskrise haben sich große Veränderungen auf die Beta-Faktoren von Branchen und Unternehmen ergeben. Die Krise hat dazu geführt, dass die Kapitalmärkte die Risikoeinschätzung hinterfragt und neu bewertet haben. Ab Mitte September 2009 hat sich wieder ein stabiles Niveau eingestellt, nachdem die vorangegangenen Jahre durch große Schwankungen gekennzeichnet waren.[122] Die Finanz- und Wirtschaftskrise hat nicht jedes Unternehmen, nicht jede Branche gleichermaßen erschüttert. Der Beta-Faktor der Deutsche Telekom beispielsweise (siehe Abbildung 3.4) hat sich nach einigen Kursschwankungen während der Krise wieder auf einem Niveau eingependelt, welches dem vor der Krise entspricht.

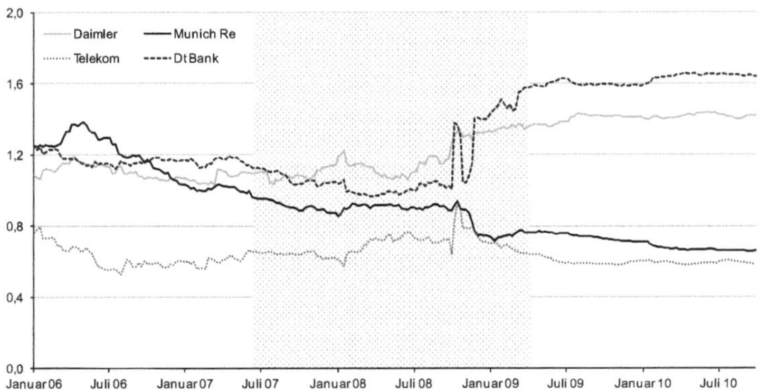

Abbildung 3.4: Entwicklung der Beta-Faktoren ausgewählter Unternehmen des Deutschen Aktienindex DAX[123]
(Quelle: eigene Berechnungen, Datenabruf am 11.11.2010 unter de.finance.yahoo.com))

Dagegen hat sich der Beta-Faktor der Munich Re im Niveau kontinuierlich auch während der Finanz- und Wirtschaftskrise reduziert. Das unternehmens-individuelle Risiko wird hier von den Kapitalmärkten niedriger angesehen als vor der

---

[121] Auf weitere Ausführungen zur Bestimmung der Beta-Faktoren anhand einer Peer Group wird in dieser Ausarbeitung verzichtet.

[122] Siehe hierzu beispielhaft die Darstellung des VDAX in Anhang B3.3.

[123] Die dargestellten Beta-Faktoren sind Leveraged Beta (sogenannte Raw Beta), welche auf Wochenbasis bei einem Beobachtungszeitraum von 2 Jahren (also 104 Datenpunkte) ermittelt wurden. Der Gesamtmarkt wird durch den Deutschen Aktienindex (DAX) repräsentiert. Die extremen Kursschwankungen im Oktober 2008 sind auf Kursschwankungen der Volkswagen-Aktie zurückzuführen. Siehe zur Berechnung der Beta-Faktoren ausführlich Anhang B3.9.

Krise. Gegenläufige Entwicklungen nahmen die Beta-Faktoren beispielsweise der Daimler AG und Deutsche Bank (siehe Abbildung 3.4). Beide Blue Chips werden nach der Krise mit einem höheren systematischen, unternehmensindividuellen Risiko bewertet als vor der Krise.

Diese zwei DAX-Unternehmen stehen sinnbildlich für die Entwicklung denen ihr zugehörigen Branchen.[124] Die notwendige einzelfallspezifische Betrachtung gilt gleichermaßen für einzelne Branchen. Die Automobilbranche wird mit einem stabilen Niveau des Beta-Faktors nach der Krise bei knapp unter 1,0 beurteilt und weist damit ein um 0,2 bzw. ca. 30% höheres Niveau aus als vor der Krise. Dies entspricht auch der ökonomischen Realität, da die Branche einen Umbruch erlebt, welcher naturgemäß mit Unsicherheit verbunden ist. Weiterhin hat beispielsweise bei der Baubranche eine Neubewertung des Risikos durch die Kapitalmärkte auf ein stabiles Niveau von ca. 1,4 stattgefunden. Ein nicht Eingreifen der Bundesregierung mit staatlichen Förder- und Konjunkturprogrammen, welche zu großen Teilen der Baubranche zu Gute kamen, hätte sicherlich die Branche noch stärker getroffen.

Die Bestimmung der Beta-Faktoren mithilfe des Marktmodells[125] setzt die Bestimmung der drei Parameter Referenzindex, des Intervalls für die Renditeberechnung und den Untersuchungszeitraum voraus.[126] Dabei kommt der Kombination aus Intervall und Untersuchungszeitraum eine wesentliche Bedeutung zu.[127] In Krisenzeiten ist hierbei grundsätzlich auf einen längeren Beobachtungszeitraum (in der Regel 5 Jahre) zurückzugreifen, um die Stabilität der Beta-Faktoren besser bewerten zu können, wobei eine Plausibilisierung durch verschiedene Zeitintervalle und Beobachtungszeitraum notwendig ist, um das eventuelle „Mitschleppen" älterer Effekte interpretieren zu können.[128]

---

124 Siehe hierzu Darstellung der Entwicklung der Branchen-Betas in Anhang B3.10. Die Einteilung der Branchen folgt derer der Deutschen Börse (die sogenannten Dax Sectors).

125 Siehe hierzu Anhang B3.9.

126 Vgl. Berner et al (2005), S. 712-718; Dörschell, Franken, Schulte (2009), S. 144-180.

127 Dies resultiert insbesondere aus der Notwendigkeit einer Mindestmenge an Datenpunkten. In der Fachliteratur werden Mindeststichprobenumfänge von 50-100 Datenpunkten empfohlen (vgl. Zimmermann (1997), S. 98). In der Praxis werden die Parameter wie folgt gewählt: 5 Jahre Beobachtungszeitraum, monatliche Renditeintervalle (ca. 60 Datenpunkte) – z.B. Merryl Lynch; 2 Jahre Beobachtungszeitraum, wöchentliche Renditeintervalle (ca. 104 Datenpunkte) – z.B. Bloomberg; 1 Jahr Beobachtungszeitraum, tägliche Renditeintervalle (ca. 260 Datenpunkte) – z.B. Deutsche Börse (vgl. Dörschell, Franken, Schulte (2009), S. 155f).

128 Vgl. Ruiz Vargas, Zollner (2010), S. 10 f.

Abschließend ist festzuhalten, dass es einzelfallspezifisch zu überprüfen ist, ob eine nachhaltige Stabilität der Beta-Faktoren vorliegt, auf deren Grundlage verlässliche Prognosen zur Bestimmung der zukünftig erwarteten Beta-Faktoren möglich sind. Hierzu kann auch eine Eliminierung von nicht als nachhaltig gesehenen Datenpunkten beitragen.[129]

Ein weiterer Diskussionsbereich, welcher im Zuge der Finanz- und Wirtschaftskrise an großer Bedeutung gewonnen hat, ist die Anwendung der „Praktikerformel“ zur Eigenkapitalkostenermittlung.[130] Dieser vereinfachten in der Bewertungspraxis angewandten Formel liegen die Annahmen zugrunde, dass das Fremdkapital nicht ausfallbedroht und das Tax Shield sicher ist.[131] Diese modelltheoretischen Annahmen sind jedoch in der Praxis in der Regel nicht vorzufinden. Fremdkapital ist ausfallgefährdet.[132] Demnach ist zum einen der Beta-Faktor des verschuldeten Unternehmens ($\beta_{EK,v}$), das sogenannte Equity-Beta[133], um die partielle Risikoübernahme der Fremdkapitalgeber zu erweitern. Diese übernehmen einen Teil des operativen Risikos, welches aus dem Ausfall des Fremdkapitals besteht, und lassen sich dies mit einer Risikoprämie, dem Credit Spread[134], vergüten.[135] Die partielle Risikoübernahme der Fremdkapitalgeber kann über einen Beta-Faktor für das Fremdkapital, den sogenannten Debt-

---

129 Vgl. Ruiz Vargas, Zollner (2010), S. 10. Darüber hinaus empfiehlt der IDW, Sondereffekte aus der Finanz- und Wirtschaftskrise durch Eliminierung der zeitlichen Abschnitte zu berücksichtigen.

130 Siehe hierzu Kapitel 2.3.2, S. 12-16, in dem die Grundlagen des WACC dargestellt sind.

131 Vgl. Baetge et al (2009), S. 355; Aders, Wagner (2004), S. 31.

132 Vgl. im Folgenden Aders, Wagner (2004), S. 30 – 42.

133 Das Equity-Beta ergibt sich aus dem Asset-Beta (Beta-Faktor des unverschuldeten Unternehmen), welches das operative Risiko umfasst, und berücksichtigt zusätzlich das finanzielle Risiko. Es ist somit an die Kapitalstruktur angepasst. Siehe dazu die Übersicht der Risikoeinteilung nach IDW S1 i.d.F. 2008 im Anhang B3.11.

134 Credit Spreads können als Renditedifferenz zwischen risikobehafteten Unternehmensanleihen und einem ausfallrisikofreien Referenzzinssatz definiert werden, der in der Regel durch Staatsanleihen repräsentiert wird. (vgl. Pape, Schlecker (2008), S. 658 sowie zur detaillierten Berechnungsweise S. 658-665). Alternativ kann das Debt-Beta vereinfachend anhand eines (synthetischen) Ratings oder einem Credit Index bestimmt werden. Darüber hinaus kann das Unternehmen, sofern es keine marktgehandelten Anleihen begangen hat, das Debt-Beta bzw. den Credit Spread auf Basis der Refinanzierungskonditionen nach folgender Formel ermitteln: $\beta_{FK} = \frac{\overbrace{k_{FK} - r_f}^{\text{Credit Spread}}}{\underbrace{r_M - r_f}_{\text{Marktrisikoprämie}}}$ (vgl. Aders, Wagner (2004), S. 33f).

135 Als Folge der partiellen Risikoübernahme der Fremdkapitalgeber fordern diese einen Teil der Marktrisikoprämie. Dadurch verringert sich ebenfalls das von den Eigenkapitalgebern übernommene Risiko und folglich die geforderte Risikoprämie (vgl. Dörschell, Franken, Schulte (2009), S. 44.

Beta (β_{FK}), berücksichtigt werden. Damit ergibt sich für das verschuldete Beta des Eigenkapitals folgende Gleichung:

$$\beta_{EK,v} = \beta_{EK,u} + (\beta_{EK,u} - \beta_{FK}) \times (1 - s_U) \times \frac{FK}{EK} \qquad (3.2)$$

mit:
$\beta_{EK,v}$ = Beta-Faktor der Eigenkapitalkosten eines verschuldeten Unternehmens (Equity-Beta)
$\beta_{EK,u}$ = Beta-Faktor der Eigenkapitalkosten eines unverschuldeten Unternehmens (Asset-Beta)
β_{FK} = Beta-Faktor des Fremdkapitals (Debt-Beta)
s_U = Unternehmenssteuersatz
$\frac{FK}{EK}$ = Verschuldungsgrad

Insbesondere in wirtschaftlich rezessiven Zeiten wie die der Finanz- und Wirtschaftskrise steigt das Ausfallrisiko von Fremdkapital und damit die Credit Spreads stark an. Dadurch ergeben sich wesentlich von null abweichende Debt-Betas, welche folglich einen substantiellen Einfluss auf die Eigenkapitalkosten haben.

Zum anderen ist durch die Aufgabe der Prämisse von nicht ausfallgefährdetem Fremdkapital die methodische Anpassung der Berücksichtigung von Tax Shields im Bewertungskalkül notwendig.[136] Die Tax Shields sind nur so sicher wie das Fremdkapital selbst.[137] Zudem setzt die Annahme von sicheren Tax Shields voraus, dass die Bemessungsgrundlage nach der Zinsverrechnung niemals negativ ist; in Zeiten der Finanz- und Wirtschaftskrise eine nicht haltbare Annahme. Folglich ist das Equity-Beta ($\beta_{EK,v}$) um den Term $(1 - s_U)$ zu korrigieren, da die anteilige Übernahme des operativen Risikos durch den Fiskus durch genannten Term entfällt.[138] Daraus ergeben sich letztlich folgende Eigenkapitalkosten:

$$k_{EK,v} = k_{EK,u} + (k_{EK,u} - k_{FK}) \times \frac{FK}{EK} \qquad (3.3)$$

mit:
$k_{EK,u}$ = Eigenkapitalkosten (=Renditeforderung der EKgeber) eines unverschuldeten Unternehmens
$k_{EK,v}$ = Eigenkapitalkosten (=Renditeforderung der EKgeber) eines verschuldeten Unternehmens
k_{FK} = Fremdkapitalkosten (=Renditeforderung der Fremdkapitalgeber vor Steuern)
$\frac{FK}{EK}$ = Verschuldungsgrad

---

136 Die Tax Shields sind eine Funktion des Fremdkapitalbestands, der Fremdkapitalzinsen und des Unternehmenssteuersatz. In der Literatur wird der zukünftige Unternehmenssteuersatz sowie der Fremdkapitalzins als konstant angenommen mit der Folge, dass letztlich nur der Fremdkapitalbestand die Tax Shields determiniert (vgl. Aders, Wagner (2004), S. 35). Es werden hierbei zwei extreme Éntwicklungen unterschieden: die autonome, unternehmenswertunabhängige Finanzierung und die atmende, unternehmenswertabhängige Finanzierung. Auf die Auswirkungen der unterschiedlichen Finanzierungsprämissen wird im weiteren Verlauf nicht weiter eingegangen.

137 Vgl. IDW S1 idF. 2008, Tz 137.

Kapitalstruktur

Zur Bestimmung des WACC sind die Eigenkapitalkosten (und die Fremdkapitalkosten) entsprechend der marktwertgewichteten Kapitalstruktur zu bewerten.[139] Die Alternative, die gegenwärtige Kapitalstruktur als die zukünftige zu unterstellen, ist in Krisenzeit nicht vertretbar. Die Verschuldungsgrade sind durch Einbruch der Marktkapitalisierung (Eigenkapital zu Marktwerten) von Unternehmen erheblich gestiegen.[140] In die Berechnung des WACC sollte demnach nicht die aktuelle Kapitalstruktur einfließen, sondern von einem nachhaltigen, gegebenenfalls branchenbezogenen und um Sondereffekte bereinigten Verhältnis von Eigenkapital zu Fremdkapital ausgegangen werden.

3.2.3 Terminal Value

Der Terminal Value[141] bildet regelmäßig einen überwiegenden Teil des Unternehmenswerts ab und spielt folglich eine wesentliche Rolle in der Unternehmensbewertung.[142] Bei der Bestimmung des Terminal Value geht man in der Regel von steigenden bzw. mindestens konstant bleibenden Cashflows aus.[143] Dieses Wachstum ist in Phase I, dem Detailprognosehorizont, direkt in der Prognose der Cashflows zu berücksichtigen, in der Phase II, dem Gleichgewichtszustand, über eine Kürzung des Kapitalisierungszinssatzes durch einen Wachstumsabschlag.[144]

In der Praxis liegt die Wachstumsrate (respektive der Wachstumsabschlag) in der Regel im Bereich von 0,5% und 2,0% wobei eine Ableitung dieser überwiegend auf Basis von Wachstumsraten der Umsätze von Produkten und Produktgruppen,

---

138 Vgl. Aders, Wagner (2004), S. 36.

139 Vgl. hierzu Kapitel 2.3.2.

140 Vgl. Jonas (2009), S. 545. Die Annahme in der Unternehmensbewertung, die Buchwerte des Fremdkapitals als Marktwerten gleichzusetzen ist in der Krise kritisch zu hinterfragen, wird in dieser Arbeit jedoch nicht weiter thematisiert. Weiterhin sind die Fremdkapitalkosten in der Finanz- und Wirtschaftskrise gestiegen, da die Fremdkapitalgeber durch eine Risikoübernahme eine erhöhte Risikoprämie fordern. Diese Risikoprämie wird zudem über das Debt-Beta (siehe vorherige Seite) bereits in der Bestimmung der Eigenkapitalkosten berücksichtigt.

141 Die Begriffe Ewige Rente, Continuing Value, Gleichgewichtszustand oder Terminal Value werden in dieser Ausarbeitung synonym verwendet.

142 Zum Anteil des Fortführungswertes am Unternehmenswert siehe Baetge et al (2009), S.437.

143 Die Berücksichtigung von wachsenden finanziellen Überschüssen kann durch leistungswirtschaftliche Erfolgsfaktoren (mengenbedingtes Wachstum) und preisbedingtem Wachstum (rein nominal) oder durch inflations- und thesaurierungsbedingtem Wachstum begründet sein (vgl. Dörschell, Franken, Schulten (2009), S. 241; Wagner (2007), S. 74-80).

144 Vgl. IDW S1, i.d.F v. 2008, Tz 97, 98. Im Allgemeinen wird hierzu auf das von Gordon, Shapiro abgeleitete Wachstumsmodell zurückgegriffen, das ein unendliches, geometrisches Wachstum mit einer konstanten Rate annimmt. Siehe hierzu die grundlegende Arbeit von

des Bruttoinlandsprodukts (BIP), des Branchenumsatzes oder der Inflationsrate beruht.[145] Im Zuge der Finanz- und Wirtschaftskrise sind diese Anhaltspunkte auf deren Eignung jedoch kritisch zu hinterfragen. Grundsätzlich ist in diesem Zusammenhang einerseits zu überdenken, ob die prognostizierte Unternehmensentwicklung unter Berücksichtigung verschiedener interner wie externer Faktoren (wirtschaftliche Erholung, Branchenentwicklung, existierendes Produktportfolio, Managementqualität, etc.) den Ansatz einer Wachstumsrate grundsätzlich rechtfertigt. Andererseits stellt sich die bewertungstechnische Frage, wann der eingeschwungene Zustand, der Terminal Value, erreicht und in der Bewertung abgebildet werden kann. Analog zu den Ausführungen in Kapitel 3.2.1 ist wohl eine Verschiebung der Planphasen um ein bis drei Jahre zweckmäßig.

3.3 Zusammenfassung

Die Finanz- und Wirtschaftskrise 2007 bis 2009 hat großen Einfluss auf die Unternehmensbewertung und im Speziellen auf die Bewertung anhand der DCF-Verfahren. Die Parameter sind an die historischen Entwicklungen anzupassen.

Der IDW hat hierzu jeweils zeitnah entsprechende Empfehlungen ausgegeben.[146] Demnach ist zur Berechnung des Basiszinssatzes die Rendite entsprechend der Zinsstrukturkurve nach Svensson anstelle einer Restlaufzeit von 249 Jahren mit einer Restlaufzeit von 30 Jahren als konstant anzusehen und zur Berechnung heranzuziehen. Die Marktrisikoprämie ist weiterhin in einer Bandbreite von 4,5% bis 5,5% anzusetzen, wobei hier eine Marktrisikoprämie am oberen Rand grundsätzlich sinnvoll ist. Die unternehmensindividuellen Beta-Faktoren sind unter Einbezug eines längeren Beobachtungszeitraums sowie der Eliminierung von nicht nachhaltigen Datenpunkten zu bestimmen. Außerdem ist zur Berücksichtigung des Ausfallrisikos von Fremdkapitel das Debt-Beta sowie eine Anpassung aufgrund von unsicheren Tax Shields in der Eigenkapitalkostenermittlung zu integrieren.

Unter Berücksichtigung aller Entwicklungen ist tendenziell insgesamt eine Erhöhung der Eigenkapitalkosten zu verzeichnen. Der WACC ist nur unwesentlich verändert mit sinkender Tendenz, was durch einen höheren Verschuldungsgrad

---

Gordon,Shapiro „Capital Equipment Analysis: The Required Rate of Profit" (1956), S. 102-110.

145 Vgl. KPMG (2009), S. 45; Lorenz (2009), S. 20.

und einer damit einhergehenden höheren Gewichtung der (niedrigeren) Fremdkapitalkosten begründet werden kann.[147] Die DCF-Verfahren sind auch im Economic Distress nicht in Frage zu stellen und dominieren weiterhin als wichtigste Grundlage zur Bestimmung des Unternehmenswertes. Eine umfassende methodische Anpassung[148] ist auch im Economic Distress somit nicht erforderlich. Allerdings können Unternehmen durch eben dargestellten Economic Distress in eine existenzbedrohliche Schieflage geraten. Dieser Zustand kann als Financial Distress bezeichnet werden. Die Integration des Financial Distress in die DCF-Verfahren wird im weiteren Verlauf der Arbeit untersucht.

146 Siehe Fn 106, Seite 23; Fn 109, S. 24; Fn 129, S. 27.

147 Das kann in der Praxis bestätigt werden (vgl. KPMG (2009), S. 44 f).

148 Die Integration des Debt-Beta und der Anpassung von unsicherer Tax Shields wird in diesem Zusammenhang nicht als grundlegende methodische Anpassung gesehen.

4 Financial Distress

Die historische Entwicklung der Finanz- und Wirtschaftskrise 2007 bis 2009 wurde in Kapitel 3 kurz und prägnant beschrieben. Es gab nicht wenige Unternehmen, die im Zuge der Finanz- und Wirtschaftskrise, dem Economic Distress, in eine existenzbedrohte Schieflage gerieten. In einigen Fällen war ein Verkauf des Unternehmens bzw. von Anteilen die letzte rettende Lösung.[149]

In den folgenden Unterkapiteln wird die Situation der existenzbedrohenden finanziellen Notlage (Financial Distress) definiert, in den Prozess der Unternehmenskrise eingeordnet und abgegrenzt sowie die Kosten von Financial Distress betrachtet. Abschließend findet eine Diskussion über die Notwendigkeit zur Berücksichtigung des Financial Distress in den Bewertungsverfahren statt ebenso wie eine Betrachtung der hieraus resultierenden Konsequenzen.

4.1 Charakteristik und Abgrenzung von Financial Distress

Eine allgemein vorherrschende Definition der Begriffspaare „Economic Distress" und „Financial Distress" und deren Abgrenzung existiert in der Literatur nicht.[150] Purnanandam (2005) definiert Financial Distress als einen Zustand zwischen "solvency" und "insolvency" und beschreibt diesen als „a low cash-flow state of the firm in which it incurs deadweight losses without being insolvent."[151] Wruck (1990) sieht Financial Distress als eine Situation, in der das Unternehmen nicht mehr in der Lage ist, den aktuellen Verpflichtungen nachzukommen.[152] Weiterhin verwenden Peemöller und Bömelburg (1993) den Begriff der Ertragsschwäche und definieren damit, wenn die Rentabilität (prozentuale Veränderung des Erfolgs zum eingesetzten Kapital) geringer ist als der Kapitalisierungszinssatz.[153] Als

---

149 Beispielhaft ist die Mehrheitsübernahme der Mahle GmbH an der Behr GmbH & Co. KG, bei der der viertgrößte Automobilzulieferer in Deutschland entsteht. (vgl. Handelsblatt (2010)).

150 Opler, Titman (1994) beispielsweise verwenden beide Begriffe synonym. Eine ausführliche Darstellung der Definitionsansätze und Literaturübersicht findet sich bei Weckbach (2004), S. 21-27; Outecheva (2007), S. 13-23. Darin werden drei verschiedene Kategorien von Definitionsansätzen von Financial Distress unterschieden: „event-oriented definitions", „process-oriented definitions" und „technical definitions".

151 Vgl. Purnanandam (2005), S. 3. Diese Definition lässt sich der Klassifikation nach Outecheva (2007), vgl. Fn 150, den prozessorientierten Definitionen zuordnen.

152 Vgl. Wruck (1990), S. 421. Unter Verpflichtungen subsummiert er ausstehende Zahlungen an Lieferanten und Mitarbeiter, offene Tilgungs- und Zinszahlungen sowie aktuelle und potentielle Prozesskosten.

153 Vgl. Peemöller, Bömelburg (1993), S. 1036 f.

weitere Maßgrößen zur Definition von Financial Distress werden unter anderem Erfolgsgrößen wie EBITDA oder Operating Profit, Zinsdeckungsquoten aber auch der Median von Umsatzwachstum und Kursgewinn, der (Free) Cashflow oder Marktwert des Unternehmens benutzt.[154] Financial Distress ist eindeutig von der Insolvenz abzugrenzen.[155] Dem Financial Distress kann die Insolvenz folgen, sie muss es aber nicht.

Brealey und Myers (2003) formulieren dazu, dass *„sometimes financial distress leads to bankruptcy. Sometimes it only means skating on thin ice."*[156] Diese Abgrenzung zeigt nachfolgende Abbildung 4.1, in welcher eine idealtypische Unternehmenskrise bis hin zur Insolvenz dargestellt ist.

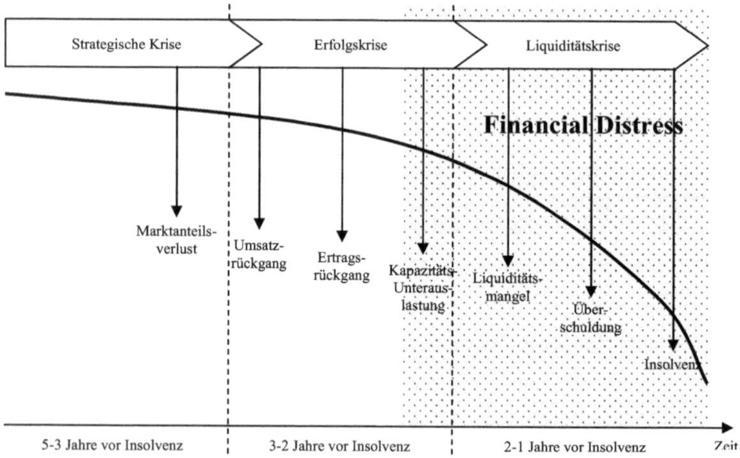

Abbildung 4.1: Einordnung von Financial Distress in den typischen Verlauf einer Unternehmenskrise

(Quelle: eigene Darstellung in Anlehnung Krystek, Moldenhauer (2007), S. 32 f.)

Eine eindeutige Abgrenzung des Financial Distress zur Insolvenz erfordert darüber hinaus eine Bestimmung der Kriterien, nach welchen die Insolvenz und de-

---

154 Diese Definitionsansätze sind den technisch orientierten Ansätzen nach Outecheva (vgl. Fn 150) zuzuordnen, welche in der Regel aus einer Kombination von „accounting-based" und „market-based" Indikatoren bestehen (vgl. u.a. Outcheva (2007), S. 17-19, Opler, Titman (1994), S. 1016f; Withaker (1999), S. 124; Asquith, Gertner, Sharfstein (1994), S. 628).

155 Vgl. Platt, Platt (2006), S. 141-157.

156 Brealey, Myers (2003), S. 421.

ren Eintritt zu definieren ist. Nachfolgende Abbildung 4.2 kann vereinfachend den Prüfprozess und deren Maßgrößen darstellen:[157]

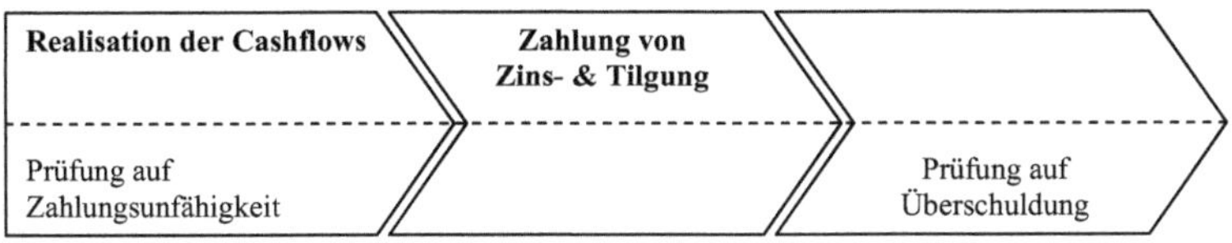

Insolvenzordnung §17:
„Der Schuldner ist zahlungsunfähigkeit, wenn er nicht in der Lage ist, die fälligen Zahlungspflichten zu erfüllen. Zahlungsunfähigkeit ist in der Regel anzunehmen, wenn der Schuldner seine Zahlungen eingestellt hat."

Mögliche Kriterien:
- Free Cashflow
- Zinsdeckungsquote
- Ek-Quote

Insolvenzordnung §19:
„Überschuldung liegt vor, wenn das Vermögen des Schuldners die bestehenden Verbindlichkeiten nicht mehr deckt, es sei denn, die Fortführung des Unternehmens ist nach Umständen überwiegend wahrscheinlich."

Abbildung 4.2: Prüfung und Bestimmungsgrößen einer Insolvenz[158]
(Quelle: eigene Darstellung in Anlehnung an Lodowicks, (2008), S. 50-57)

Die Ursachen von Financial Distress zeichnen sich durch eine hohe Komplexität aus und lassen sich durch eine Multikausalität, Mehrstufigkeit, Multilokalität und Multitemporalität der Ursachen konkretisieren.[159] Sie sind das Ergebnis mehrstufiger Ursache-Wirkungs-Ketten und haben verschiedene zusammenwirkende, sich verstärkende oder abschwächende Ursachen.[160] Economic Distress kann eine wesentliche Ursache von Financial Distress darstellen.[161] Zwar ist Financial Distress keine zwingende Folge von Economic Distress - da auch Unternehmen im konjunkturellen Aufschwung in Financial Distress geraten können - jedoch kann Economic Distress als eine wichtige Ursache und Auslöser angese-

---

[157] Die Problematik der schwierigen Abgrenzung von vorübergehender Zahlungsstockung und dauernder Zahlungsunfähigkeit wird in dieser Ausarbeitung nicht thematisiert. Eine Lösung hierfür lässt sich nicht alleine stichtagsbezogen anhand finanzieller Kennzahlen (Finanzstatus) ableiten (vgl. Gross (2010), S. 120); siehe ergänzend hierzu Entwurf IDW PS 800 n.F. 2008 „Beurteilung eingetretener oder drohender Zahlungsunfähigkeit bei Unternehmen". Ungeachtet dessen wird aus Vereinfachungsgründen die stichtagsbezogene Beurteilung der Zahlungs(un)fähigkeit herangezogen.

[158] Siehe hierzu ausführlich im Rahmen einer Fortführungsprognose entsprechend IDW PS 270 Groß (2010): „Zur Beurteilung der „handelsrechtlichen Fortführungsprognose" durch den Abschlussprüfer". In *Die Wirtschaftsprüfung* 3/2010, S. 119-137. Siehe darüber ebenfalls Entwurf IDW PS 800 n.F. 2008.

[159] Vgl. Krystek, Moldenhauer (2007), S. 50 f.

[160] Vgl. Entwurf IDW ES 6 i. d. F. 2008, Tz 69.

[161] Vgl. u.a. Whitaker (1999), S. 123; Krystek, Moldenhauer (2007), S. 47. Opler, Titman (1994), S. 1034.

hen werden.[162] Zudem ist Financial Distress resultierend aus Economic Distress tiefer und schwerwiegender als bei weiteren genannten Ursachen.[163] Ebenfalls ist die Wahrscheinlichkeit auf Financial Distress in Wirtschaftskrisen um das Dreifache höher.[164] Dementgegen zeigt Bibeault (1983) in seiner Arbeit, dass 80% aller Financial Distress auf Missmanagement zurückgehen.[165] Verschuldung wird von Andrade und Kaplan (1998) als die primäre Ursache von Financial Distress angesehen.[166] Jedoch ist Verschuldung in erster Linie wiederum auf ein falsches Management zurückzuführen. Insgesamt findet sich in der Literatur die Unterscheidung nach endo- und exogenen Ursachen. Die wesentlichen Ursachen sind nachfolgend in Tabelle 4.1 abschließend zusammengefasst:

Makroökonomische Ursachen	Mikroökonomische Ursachen
- exogene, regulatorische Schocks - konjunkturelle Lage - Industrie- / Branchenperformance	- Missmanagement - Corporate Governance - Unternehmensperformance - Leverage

Tabelle 4.1: Ursachen von Financial Distress
(Quelle: eigene Darstellung in Anlehnung an Weckbach (2004), S. 32; Krystek, Moldenhauer (2007), S. 51 f.)

4.2 Kosten von Financial Distress

Die Kosten von Financial Distress werden in der Literatur grundsätzlich in direkte und indirekte Kosten unterschieden.[167] Den direkten Kosten werden die Zahlungen für den Rechtsbeistand, Beratungsleistungen und weiteren administrativen Aufwendungen und Gebühren zugeordnet, die während des Insolvenzprozess anfallen.[168] Empirische Studien ermitteln direkte Kosten in der Bandbreite von ca. 0,5% bis 6% des Marktwertes des Unternehmens zum Zeitpunkt des Insolvenzan-

162 John et al (1992) belegen in ihrer Arbeit, dass 95% der Unternehmen im Financial Distress auf makroökonomische Ursachen zurückzuführen sind (vgl. John et al (1992), S. 892-911).

163 Vgl. Andrade, Kaplan (1997), S. 21 f.

164 Vgl. Maksimovic , Phillips (1998), S. 1497.

165 Vgl. Bibeault (1983), S. 28-33; siehe dazu ebenfalls die Studie von Whitaker (1999).

166 Vgl. Andrade, Kaplan (1998).

167 Neben diesen wesentlichen Kosten wird in der Literatur im Zusammenhang mit insolvenzbedrohten Unternehmen auf die sogenannten Agency Costs hingewiesen. Hiervon spricht man, wenn auf Grund von Verschuldung des Unternehmens Interessenskonflikte zwischen Eigenkapitalgebern und Fremdkapitalgebern entstehen, welche sich finanziell auswirken (vgl. Ross, Westerfield, Jaffe (2005), S. 438). Außerdem fallen nicht nur Kosten für das Unternehmen selbst an, sondern es können auch Kosten für die Stakeholder der Unternehmen aufgezeigt werden (vgl. Branch (2002), S. 40 f).

168 Vgl. Wruck (1990), S. 436. Die direkten Kosten werden auch als out-of-the-pocket bezeichnet.

trages.[169] Die direkten Kosten von Financial Distress fallen jedoch nur dann an, wenn das Unternehmen tatsächlich insolvent geht. Demgegenüber treten indirekte Kosten von Financial Distress bereits während der Phase des Financial Distress auf und sind somit als die eigentlichen Kosten des Financial Distress zu interpretieren.

Indirekte Kosten sind "[...] opportunity costs imposed on the firm because financial distress affects its ability to conduct business as usual."[170] Es sind darunter im Allgemeinen entgangene Umsätze und Gewinne sowie entstehende Kosten zu verstehen.[171] Indirekten Kosten sind die Folge von Prozessen und Mechanismen, welche im Unternehmen in Financial Distress ablaufen. Hieraus entstehen einerseits finanzwirtschaftliche, andererseits realwirtschaftlich operative Konsequenzen, welche zu einem beschleunigten Werteverfall des Unternehmens führen (siehe nachfolgende Abbildung 4.3).[172]

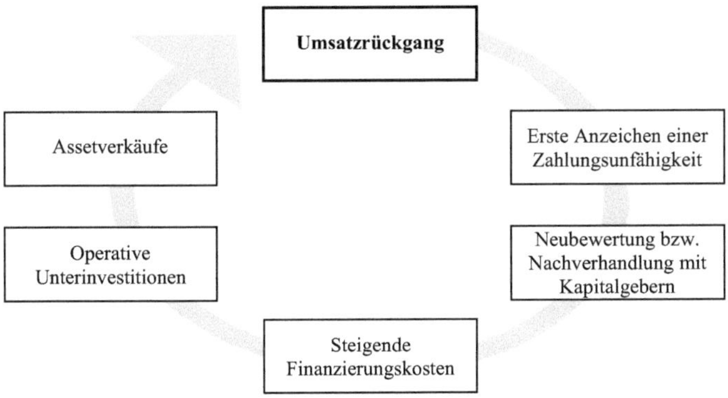

Abbildung 4.3: Beschleunigter Werteverfall im Financial Distress
(Quelle: eigene Darstellung in Anlehnung an Weckbach (2004), S. 63).

Die vergangene Finanz- und Wirtschaftskrise hat zu enormen Umsatzeinbrüchen bei zahlreichen Unternehmen geführt und dadurch jene Mechanismen und Prozesse bei weniger solide aufgestellten Unternehmen in Gang gesetzt. Der Um-

---

169 Vgl. Weiß (1990), S.285-314; Altman (1994), S. 1067-1089; siehe eine detaillierte Übersicht von empirisch erhobenen direkter Financial Distress-Kosten in Weckbach (2004), S. 40-45.

170 Wruck (1990), S. 437.

171 Vgl. Weckbach (2004), S.28; Altman (1984), S. 1071. Weiterhin listen Chen, Merville (1999) vier Punkte für "opportunity losses" auf: "[...] the loss of customer confidence and therefore the opportunity loss of sales, [...] the loss of important suppliers, [...] the loss of key managers and [...] foregone investment opportunities."

satzrückgang stellt letztlich die wesentliche operative Konsequenz dieses Kreislaufs und Abwärtstreiber in Richtung Insolvenz dar.[173]

Indirekten Kosten des Financial Distress verlaufen nicht linear. Je näher das Unternehmen der Insolvenz kommt, desto stärker steigen die Kosten an und desto größer ist der Wertverlust des Unternehmens. Gleichzeitig sind indirekte Kosten in rezessiven Wirtschaftszeiten wesentlich größer und zeigen somit die Interdependenz zwischen Financial Distress-Kosten und makroökonomischen Faktoren.[174] Eine Quantifizierung der indirekten Kosten von Financial Distress ist – im Gegensatz zur Erhebung von direkten Kosten von Financial Distress – sehr schwierig.[175] Empirische Arbeiten zeigen folglich eine große Bandbreite an Werten.[176] Grundlegende Arbeiten von Andrade und Kaplan (1998) sowie Altman (1984), in denen Sie die Veränderungen von „operating performance" und „estimation of the value of the firm before and after financial distress" betrachten, weisen indirekte Kosten von ca. 10% bis 20% aus und legen damit eine noch heute gültige Bandbreite fest.[177]

4.3 Prognosemodelle von Financial Distress

Eine Berücksichtigung von Financial Distress in den Bewertungsverfahren erfordert neben der Kenntnis von Ursachen und Kosten auch eine Aussage und Schätzung der Wahrscheinlichkeit eines Financial Distress bzw. einer Insolvenz.

Eine grundlegende Möglichkeit besteht darin, auf Ratings externer Finanzdienstleistungsunternehmen wie Rating-Agenturen (externes Rating) oder Kreditinstituten (internes Rating) zurückzugreifen. Sie geben Auskunft über die Bonität und Kreditwürdigkeit eines Unternehmens und können somit als Maß für die Ausfallwahrscheinlichkeit eines Unternehmens beschrieben werden.[178] Nachfolgende Tabelle 4.2 zeigt die kumulierte, durchschnittliche Ausfallwahrscheinlichkeit von Unternehmen mit entsprechendem Rating:

---

172 Vgl. Weckbach (2004), S. 32-40.

173 In der Literatur werden drei Kategorien zur Differenzierung der Ursachen der Umsatzrückgänge unterschieden: „customer driven losses", „competitor driven losses" und „manager driven losses" (vgl. Opler, Titman (1994), S. 1015-1019).

174 Vgl. Almeida, Philippon (2006), S. 2; Maksimovic, Phillips (1998), S. 1522.

175 Andrade, Kaplan (1997) führen beispielsweise an: "The difficulty is driven by an inability to distinguish whether poor performance is caused by the financial distress or is caused by the same factor that pushed the firm into financial distress in the first place."

176 Siehe umfassende Übersicht in Weckbach (2004), S. 44.

177 Siehe zu neueren Studien Korteweg (2007).

Die traditionellen Ratingverfahren basieren hauptsächlich auf der Analyse harter quantitativer Informationen[179] von aus Jahresabschlüssen abgeleiteten Kennzahlen.[180] Die Auswertung dieser Kennzahlen wird unter Rückgriff auf empirisch-statistische Verfahren durchgeführt.[181] Grundlegende Arbeiten sind jene von Beaver (1966), Altman (1968) und Ohlson (1980).[182183] Die von Altman (1966) entwickelte multivariate lineare Diskriminanzanalyse (MDA) ist das historisch am häufigsten eingesetzte Verfahren, wird jedoch zunehmend von logistischen Regressionsverfahren ersetzt.[184]

in (%)	Zeithorizont									
Rating	1	2	3	4	5	6	7	8	...	14	15
AAA	0.00	0.03	0.14	0.26	0.39	0.51	0.58	0.68	...	1.04	1.14
AA	0.02	0.07	0.14	0.24	0.33	0.43	0.52	0.60	...	0.98	1.02
A	0.08	0.21	0.35	0.53	0.72	0.95	1.22	1.46	...	2.75	2.99
BBB	0.26	0.72	1.23	1.86	2.53	3.20	3.80	4.40	...	7.80	8.36
BB	0.97	2.94	5.27	7.49	9.51	11.48	13.19	14.75	...	20.84	21.57
B	4.93	10.76	15.65	19.46	22.30	24.57	26.47	28.06	...	34.85	35.74
CCC/C	27.98	36.95	42.40	45.57	48.05	49.19	50.26	51.09	...	57.28	57.28
Investment grade	**0.13**	**0.35**	**0.60**	**0.91**	**1.24**	**1.58**	**1.90**	**2.20**	**...**	**3.78**	**4.04**
Speculative grade	**4.44**	**8.68**	**12.42**	**15.46**	**17.90**	**19.96**	**21.72**	**23.25**	**...**	**29.68**	**30.45**
All rated	**1.63**	**3.23**	**4.67**	**5.89**	**6.90**	**7.79**	**8.55**	**9.23**	**...**	**12.20**	**12.60**

Tabelle 4.2: Kumulierte Ausfallwahrscheinlichkeit nach Rating-Klassen
(Quelle: eigene Darstellung in Anlehnung an Standard &Poor's (2009), S. 57 f.)

Die empirisch-statistischen Verfahren sind zur Prognose der Insolvenzwahrscheinlichkeit sehr gut geeignet, zeigen jedoch keine Ursache-Wirkungs-Zusammenhänge auf, sondern nur „statistisch optimal gewichtete Symptombeschrei-

178 Vgl. Gleissner (2002), S. 3.

179 Unterschieden werden die den Ratingverfahren zugrunde gelegten Daten nach Objektivität der Erhebung (harte vs weiche Daten) und nach originär metrischen Skalierbarkeit (qualitative vs. quantitative Daten) (vgl. Bemmann (2007), S. 79-93).

180 Vgl. Gleissner (2010), S. 40; siehe hierzu ein Beispiel des Ratings der Postbank im Anhang B4.2, bei dem 70% der Kriterien auf quantitativen Faktoren beruhen.

181 Vgl. Bemmann (2007), S. 6; die Wissenschaft hat in den letzten Jahrzehnten eine große Methodenvielfalt entwickelt. Eine umfassende Kategorisierung ist in Anhang B4.1 zu finden. Eine weitere Klassifizierung unterscheidet lediglich zwei Typen, die „accounting-based modells" und die „market-based modells". Siehe ergänzend hierzu Uhrig-Homburg (2002).

182 Diese Arbeiten können den "accounting-based models" zugerechnet werden (siehe Fn 182).

183 Siehe die grundlegenden Arbeiten von Altman (1966), „Financial Ratios, discriminant analysis and the prediction of corporate bankruptcy", Beaver (1960): Financial Ratios As Predictors of Failure, Ohlson (1980): Financial Ratios and the Probabilistic Prediction of Bankruptcy. Siehe eine detaillierte Übersicht zu empirisch-statistischen Prognoseverfahren sowie deren Vor- und Nachteile in Bemmann (2007), S. 34-37.

184 Vgl. Bemmann (2007), S. 21.

bungen".[185] Weiterhin sind diesen Verfahren aufgrund des Rückgriffs auf Daten des Jahresabschlusses und deren Vergangenheitsorientierung Grenzen in ihrer Aussagekraft gesetzt.[186] Deshalb ergänzen zunehmend strukturelle Modelle die traditionellen Ratingverfahren, die ihre Aussagen über die Ausfallwahrscheinlichkeit aus Anleihe-Spreads, Optionspreisen, deterministischen oder stochastischen Simulationen ableiten.[187]

Letztere Alternative kann auf Basis von strukturellen Modellen in jedem Simulationslauf unmittelbar überprüfen, ob bei ermitteltem Zukunftsszenario Überschuldung oder Illiquidität vorliegt und leitet somit die Insolvenzwahrscheinlich ohne Bezug zu Finanzkennzahl unmittelbar und direkt ab.[188] Grundlage hierfür ist eine Identifikation und hinsichtlich ihrer Auswirkungen eine Quantifizierung der individuellen Unternehmensrisiken. Durch Simulation dieser Risiken auf die Unternehmensplanung und damit auf die Gewinn- und Verlustrechnung sowie die Bilanz kann die Wahrscheinlichkeit einer Insolvenz unmittelbar abgeleitet werden.[189]

4.4 Notwendigkeit und Konsequenzen einer Integration von Financial Distress

Die vorangegangen Ausführungen zu den Kosten von Financial Distress zeigen die möglichen Ausmaße und deren substantielle Bedeutung. Eine Integration dieser Thematik in die Bewertungslehre hingegen wurde in Theorie und Praxis weitgehend ausgeklammert.

Dem folgt unterstützend der Beitrag von Kruschwitz, Lodowicks, Löffler (2005), in dem gezeigt wird, dass der Wert eines verschuldeten Unternehmens nicht von dem eines unverschuldeten Unternehmens abweicht.[190] Dazu leiten sie eine Bewertungsgleichung für jeweils ein fiktiv unverschuldetes und ein verschuldetes

---

185 Vgl. Gleissner, Bemmann (2008), S. 4.

186 Vgl. Outecheva (2007), S. 95 ff; Gleissner, Bemmann (2008), S. 4.

187 Die strukturellen Modelle sind marktorientiert (Siehe Fn 182), siehe ergänzend Klassifizierung der Prognoseverfahren Anhang B4.1.

188 Vgl. Gleissner, Bemmann (2008), S. 4.

189 Vgl. Gleissner (2002), S. 6-15. Dieses Verfahren – als direktes Rating oder indikatives Rating bezeichnet - kann als ein eigenständiges Rating, das sogenannte Risikorating, interpretiert und eine traditionelle Ratingnote (z.B. BB) oder eine Insolvenzwahrscheinlichkeit zugeordnet werden. Darüber hinaus kann es mit dem traditionellen, auf Finanzkennzahlen basierenden, Finanzrating und des Branchen- und Erfolgspotentialratings zu einem Gesamtrating verdichtet werden. Das direkte Rating kann darüber hinaus die Grundlage für eine simulationsbasierte Unternehmensbewertung im Financial Distress darstellen (vgl. hierzu Kapitel 5.3 sowie Fallbeispiel A4.3).

Unternehmen her, welche sich nicht voneinander unterscheiden. Sie schlussfolgern, dass eine Insolvenzgefahr keine Auswirkungen auf die Bewertung eines Unternehmens hat.

Jedoch sind die dem Modell zu Grunde gelegten Annahmen kritisch zu hinterfragen.[191] Insbesondere stehen die im Modell getroffenen Annahmen 3 und 4 im Widerspruch zu dem in Kapitel 4.1 aufgezeigten beschleunigten Werteverfall eines Unternehmens im Financial Distress. Demnach besagt Annahme 3, dass die Brutto-Cashflows unabhängig von einer möglichen Insolvenzgefahr sind. Zwar erkennen sie die Existenz von insbesondere indirekten Insolvenzkosten an, abstrahieren jene jedoch in ihrem Modell.[192] Insbesondere Umsatzrückgänge sind ein erheblicher negativer Werttreiber im Financial Distress, reduzieren die Brutto-Cashflows empfindlich und führen somit diese Annahme ad absurdum.

Annahme 4 unterstellt eine identische Investitions- und Abschreibungspolitik von verschuldeten und unverschuldeten Unternehmen. Aufgrund der finanziellen Situation im Financial Distress kann jedoch davon ausgegangen werden, dass (rentable) Investitionsprojekte bedingt durch einen Liquiditätsengpass nicht realisiert werden können und die Sicherung der operativen Geschäftstätigkeit vorrangige Priorität hat. Somit ist ebenfalls Annahme 4 realitätsfern und führt zu einem falschen Fundament des betrachteten Modells.

Grundsätzlich werden in der Literatur verschiedene Gründe angeführt, warum Financial Distress in der Bewertungstheorie und -praxis bisweilen vernachlässigt bis gänzlich nicht betrachtet wurde bzw. wird. Zwei wesentliche Argumente sind, dass einerseits nur große, börsennotierte Unternehmen bewertet werden und die Wahrscheinlichkeit einer Insolvenz dieser ist sehr gering. Andererseits wird davon ausgegangen, dass Unternehmen einen freien Zugang zum Kapitalmarkt in jeglicher Situation und finanziellen Lage haben und damit einer drohenden Insolvenz mit frischem Kapital entgehen können.[193]

Die Wahrscheinlichkeit einer Insolvenz eines großen, international agierenden Unternehmens ist geringer als die eines Klein- und mittelständischen Unterneh-

190 Vgl. Kruschwitz, Lodowicks, Löffler (2005), S. 221-236 für nachfolgende Absätze.

191 Insgesamt baut das Modell von Kruschwitz, Lodowicks, Löffler (2005) auf acht Annahmen auf, die in Anhang B4.3 aufgelistet und kommentiert sind.

192 Die Vernachlässigung der indirekten Kosten wird von Kruschwitz, Lodowicks, Löffler mit einer schwierigen Quantifizierung der Kosten begründet (vgl. Kruschwitz, Lodowicks, Löffler (2005), S. 4-6).

mens (KMU).[194] Das Ausfallrisiko kann deshalb allerdings nicht als vernachlässigbar interpretiert werden.[195] Gerade die vergangene Finanz- und Wirtschaftskrise zeigt, dass eben große, internationale und traditionsreiche Konzerne nicht vor der Insolvenz geschützt sind. Bekannte Beispiele sind Lehman Brothers und General Motors in den USA, in Deutschland haben die Beispiele von Schäffler[196], der Arcandor-Gruppe oder Schiesser die Wirtschaftsnachrichten bestimmt. Darüber hinaus ist die Unternehmensbewertung nicht auf große Unternehmen begrenzt, wenn auch für die Bewertung kleiner und mittlerer Unternehmen veränderte Rahmenbedingungen gelten.[197]

Des Weiteren lässt sich die Annahme, dass Unternehmen unlimitierten Zugang zum Kapitalmarkt haben, nicht uneingeschränkt halten. Die Charakteristik des Kapitalmarktes sowie des jeweiligen Unternehmens spielt eine wesentliche Rolle.[198] Zwar ermöglichen entwickelte Finanzmärkte wie diese in den USA und Deutschland einen sehr offenen und umfassenden Zugang zu neuem Kapital. Jedoch hat sich ebenfalls auf diesen Finanzmärkten im Zuge der Finanz- und Wirtschaftskrise eine sehr angespannte Situation ergeben, welche den Unternehmen in erheblichem Masse den Zugang zu den Kapitalmärkten eingeschränkt hat.[199]

Die zwei genannten wesentlichen Argumente für eine Nicht-Berücksichtigung von Financial Distress in der Bewertungslehre können widerlegt werden. Darüber hinaus werden Argumente angeführt, dass ein Insolvenzrisiko bereits angemessen in den Bewertungsverfahren berücksichtigt wird:[200]

- We adjust the discount rate for the possibility of distress.
- We adjust the expected cashflow for the possibility of distress.
- We assume that even in distress, the firm will be able to receive the present value of expected cash flows from its assets as proceeds from the sale.

---

193 Vgl. Damodaran (2006), S. 5-7.

194 Vgl. Creditreform (2010a), S. 22. Siehe hierzu ergänzend die Darstellung der Verteilung der Unternehmensinsolvenzen nach Umsatzklassen im Anhang B4.4.

195 Vgl. Kruschwitz, Lodowicks, Löffler (2005), S. 222.

196 Zwar musste die Schäffler KG nicht Insolvenz anmelden, jedoch rutschte die Gruppe durch die Übernahme von Continental und der Wirtschaftskrise in eine existenzbedrohte Schieflage.

197 Vgl. Laurenz (2007), S. 16-18; beispielsweise stehen in den Jahren 2010 bis 2014 110.000 Unternehmensübertragungen an, welche eine Bewertung erforderlich machen (vgl. Hauser, Kay (2010), S. 20-24).

198 Vgl. Damodaran (2006), S. 6.

199 Vgl. Abberger, Hainz, Kunkel (2009); Abberger, Kunkel (2008); siehe darüber hinaus Anhang B4.5, in dem der vom ifo Institut veröffentliche Indikator zum Kreditzugang für Unternehmen dargestellt ist.

200 Vgl. zu folgendem Absatz Damodaran (2006), S. 6-8.

Der Diskontierungsfaktor bzw. Kapitalisierungszinssatz in den DCF-Verfahren bildet die Renditeforderungen der Eigen- und Fremdkapitalgeber ab und spiegelt hierbei das Risiko entsprechend wider. Demnach haben Unternehmen, die eine höhere Insolvenzwahrscheinlichkeit aufweisen, folgerichtig höhere Kapitalkosten. Die Eigenkapitalgeber fordern aufgrund des höheren Risikos eine höhere Rendite, ebenso die Fremdkapitalgeber aufgrund des höheren Ausfallrisikos des Fremdkapitals. Jedoch wird hierbei weiterhin davon ausgegangen, dass das Unternehmen unendlich lange besteht, dass die Prämisse des Going Concern weiterhin Bestand hat. Der mögliche Verlust aller zukünftigen Cashflows im Falle einer Insolvenz wird folglich nicht korrekt berücksichtigt.

Weiterhin sind grundsätzlich die erwarteten zukünftigen Cashflows zu diskontieren,[201] welche nach der Wahrscheinlichkeit gewichtete Größen für alle denkbaren Szenarien repräsentieren (sollten). Ein vorhandenes Insolvenzrisiko ist somit bereits wahrscheinlichkeitsgewichtet im Cashflow integriert, entspricht allerdings keiner Risikoanpassung. Eine mögliche Adjustierung hätte einen sehr komplizierten und unpraktikablen Lösungsweg mittels Sicherheitsäquivalent zur Folge.[202] Im Standard S1 zur Unternehmensbewertung des IDW wird jedoch Transparenz und Nachvollziehbarkeit gefordert.[203]

Letzter Punkt beschreibt die Annahme, dass im Falle einer Insolvenz das Unternehmen seine Vermögenswerte zu einem Preis verkaufen kann, der dem Barwert der zukünftigen Cashflows entspricht. In diesem Fall kann von einer Berücksichtigung des Insolvenzrisikos abgesehen werden. Jedoch alleine in Anbetracht der Verhandlungsposition eines insolventen Unternehmens scheint diese Annahme äußerst realitätsfern zu sein.

Vorangegangene Ausführungen zeigen, dass eine Nicht-Berücksichtigung von Financial Distress in den Bewertungsverfahren in den wenigsten Fällen zu rechtfertigen ist.[204] Abschließend zeigt Tabelle 4.3 die Ausmaße einer Abstrahierung vom Insolvenzrisiko und unterstreicht deren Notwendigkeit:

---

201 Siehe hierzu Grundlagenkapitel 2.3.

202 Vgl. Damodaran (2006), S.7; Kofler, Baumgartner (2010), S. 74.

203 Vgl. IDW S1 i.d.F. 2008, Tz 46, 47.

204 Letztlich kann eine Integration von Insolvenzrisiko in der Unternehmensbewertung nur dann unterlassen werden, wenn zum einen die Wahrscheinlichkeit einer Insolvenz aufgrund der Größe, Rating (AAA-Rating) oder durch staatliche Garantien gleich null ist und zum anderen, wenn das Unternehmen jeglichen freien Zugangs zum Kapitalmarkt besitzt (vgl. Damodaran (2006), S. 8).

		Rating				
		AA	A	BBB	BB	B
einjährige Ausfallrate		**0.02%**	**0.08%**	**0.26%**	**0.97%**	**4.93%**
Kapitalisierungszinssatz	**6.0%**	0.35%	1.41%	4.61%	17.30%	91.61%
	7.5%	0.29%	1.15%	3.74%	14.04%	74.33%
	9.0%	0.24%	0.97%	3.16%	11.86%	62.80%
fünfjährige Ausfallrate		**0.33%**	**0.72%**	**2.53%**	**9.51%**	**22.30%**
Kapitalisierungszinssatz	**6.0%**	5.85%	12.81%	45.86%	185.67%	507.04%
	7.5%	4.75%	10.39%	37.20%	150.64%	411.37%
	9.0%	4.01%	8.78%	31.44%	127.28%	347.59%

Tabelle 4.3: Überbewertung von Unternehmen in % bei Nicht-Berücksichtigung von Insolvenzrisiko
(Quelle eigene Berechnungen (siehe zur Berechnungsweise Anhang B4.6).)

Aus der Notwendigkeit der Integration von Financial Distress folgt eine genauere Betrachtung der Konsequenzen hieraus auf die DCF-Verfahren. Den DCF-Verfahren liegen optimistische Annahmen über den weiteren Fortbestand der Unternehmen zu Grunde. Sie beruhen auf der Annahme der Unternehmensfortführung (Going Concern-Annahme)[205] und gehen von einer unendlichen Laufzeit des Unternehmens aus. Hieraus folgt der Ansatz des Terminal Value in der Planphase 2. Traditionell wird ein bedeutender Anteil des Unternehmenswertes durch eben jenen Wertbeitrag des Terminal Value abgebildet.[206] Darüber hinaus kommt die optimistische Grundkonzeption der DCF-Verfahren in der Wachstumsrate des Terminal Values zum Ausdruck.

Im Financial Distress allerdings sind diese Annahmen kritisch zu hinterfragen. Es herrscht große Unsicherheit über den Fortbestand der Unternehmung, ob die geplanten bzw. ergriffenen Maßnahmen zum Turnaround positive Wirkung zeigen oder nicht. Außerdem erfordert die mathematische Barwertermittlung der ewigen Rente[207] eine gewisse Lebenszeit eines Unternehmens, deren Nichterreichung zu einer substantiellen Überbewertung führt.[208]

---

205 Grundsätzlich gilt die Unternehmensfortführung „Going Concern" als Standardannahme der Rechnungslegung nach nationalem (§252 Abs. 1 Nr. 2 HGB) und internationalem Recht (IFRS Rahmenkonzept F.23) sowie in der Unternehmensbewertung nach IDW S1, Tz 2.

206 Vgl. Baetge et al (2009), S. 437.

207 Siehe hierzu Grundlagenkapitel 2.3.

208 Vgl. Frühling (2009), S. 200-203. Dieser Fehler resultiert aus einer unterschiedlichen Berechnungsweise der ewigen Rente. Anstelle der korrekten Berechnung der ewigen Rente mittels einer diskreten Barwertermittlung nach t Jahren mit $TV = CF_{TV} \times \frac{(1+i)^t - 1}{(1+i)^t \times i}$ wird vereinfachend die ewige Rente mit $TV = \frac{CF_{TV}}{i}$ berechnet. Die in Tabelle 4.4 gezeigten %-Sätze weisen die Abweichung beider Berechnungsformeln aus.

Erst ab einer Lebenszeit des Unternehmens von 80 Jahren bei einem Diskontierungsfaktor von 10%, von 120 Jahren bei einem Diskontierungsfaktor von 5%, ist der Fehler vernachlässigbar gering. Folgende Tabelle 4.4 zeigt die Fehlbewertung bei verschiedenen Laufzeiten:

Laufzeiten	20 Jahre	25 Jahre	30 Jahre
Diskontierungsfaktor 5%	14,9%	9,2%	5,7%
Diskontierungsfaktor 10%	37,7%	29,5%	13,1%

Tabelle 4.4: Überbewertung der ewigen Rente nach Jahren
(Quelle: eigene Darstellung in Anlehnung an Frühling (2009), S. 200.)

Je kürzer die Lebenszeit und höher der Diskontierungsfaktor, desto höher die mathematische Fehlbewertung. Folglich ist im Financial Distress, in dem große Unsicherheit über die Lebenszeit eines Unternehmens vorliegt und der Diskontierungsfaktor aufgrund eines gestiegenen Risikos wesentlich höher ist als im Standardfall, damit die Überbewertung des Terminal Value substantiell. Es ist ein konzeptioneller Ansatz zu betrachten, welcher diese Problematik aufgreift.

Darüber hinaus erfordert die Integration von Financial Distress eine genauere Betrachtung des Fremdkapitalkostensatzes und der Tax Shields. In den DCF-Verfahren bei Annahme eines nicht bestehenden Insolvenzrisikos entspricht der vertraglich zugesicherte Zinssatz für die Überlassung von Fremdkapital der bedingten Rendite der Fremdkapitalgeber.[209] Das Unternehmen kann hierbei alle vertraglichen Verpflichtungen vollständig während der Laufzeit des Fremdkapitals erfüllen. Der Fremdkapitalkostensatz hingegen stellt die erwartete Rendite der Fremdkapitalgeber dar. Eine Ausfallwahrscheinlichkeit – und damit eine Abweichung der vertraglich vereinbarten Fremdkapitalverzinsung von dem Fremdkapitalkostensatz – ist demnach wie folgt zu berücksichtigen:[210]

(4.1) $$k_{FK} = (1 - PD) \times (1 + k_{FK}^{v}) - 1$$

mit: k_{FK} = Renditeforderung der Fremdkapitalgeber (Fremdkapitalkostensatz)

PD = Ausfallwahrscheinlichkeit (Probability of Default)

k_{FK}^{v} = Vertraglich vereinbarter Fremdkapitalzinssatz[211]

---

209 Vgl. Homburg, Stephan, Weiß (2004), S. 277. Die Überlegungen schließen sich denen in Kapitel 3.2.2 zur Anpassung des Beta-Faktors des Eigenkapitals über einen Debt-Beta an.

210 Vgl. Baecker, Gleissner, Hommel (2007), S. 275. Weiterhin formulieren Cooper, Davydenko (2001): "The expected return on debt should allow for the probability of default whereas the promised yield does not."

211 Die Gleichung kann ergänzend um die sogenannte Recovery Rate (im Deutschen als Erlös- oder Verwertungsquote bekannt) erweitert werden mit (PD-RR).

Diese Unterscheidung ist insbesondere dann wesentlich, wenn die Ausfallwahrscheinlichkeit wie im Falle des Financial Distress eines Unternehmens hoch ist.[212]

Eine weitere Konsequenz der Berücksichtigung von Financial Distress in den Bewertungsverfahren ist die abweichende Behandlung des Wertbeitrags aus der Fremdfinanzierung (Tax Shield), d.h. die Steuerersparnis aufgrund der Abzugsfähigkeit der Zinszahlungen.[213] Entgegen der allgemeinen Praxis, die Tax Shields bei nicht angenommenem Insolvenzrisiko mit dem risikolosen Zinssatz zu diskontieren,[214] sind diese bei vorhandenem Insolvenzrisiko nicht mehr als sicher anzunehmen und werden somit ebenfalls von der Ausfallwahrscheinlichkeit bestimmt. Die Tax Shields unterliegen dabei dem gleichen Renditerisiko wie das Fremdkapital[215] und sind deshalb mit der erwarteten Rendite der Fremdkapitalgeber zu diskontieren:

(4.2) $$TS_t = r_{FK} \times s_U \times \sum_{t=1}^{T} \frac{FK_{t-1}}{(1+r_{FK})^t}$$

mit:
TS_t = Tax Shield im Zeitpunkt t
k_{FK} = Renditeforderung der Fremdkapitalgeber (Fremdkapitalkostensatz)
s_U = Unternehmenssteuersatz
FK_{t-1} = Fremdkapitalbestand im Zeitpunkt t-1

Bei hohem Insolvenzrisiko wie es im Falle des Financial Distress vorliegt kann darüber hinaus zur Diskontierung die Renditeforderungen Eigenkapital eines unverschuldeten Unternehmens verwendet werden.[216]

4.5 EXKURS: Bewertung insolventer Unternehmen

Unternehmen im Financial Distress stehen vor der Unsicherheit, ob geplante oder bereits eingeleitete Maßnahmen zur Sanierung positive Wirkung zeigen und der Turnaround gelingen kann oder nicht. Im negativen Fall droht die Insolvenz und damit einhergehend eine mögliche Liquidation bzw. Zerschlagung des Unternehmens. Folglich sind neben der Beurteilung und Bewertung von Fortführungskon-

---

212 Vgl. Baecker, Gleissner, Hommel (2007), S. 275.

213 In diesem Zusammenhang wird nicht auf die Unterscheidung von autonomer und wertorientierten Finanzierungspolitik eingegangen und jene als wertorientiert vorausgesetzt. (Vgl. Fn 54).

214 Siehe hierzu Grundlagenkapitel 2.3.3. Bei nicht ausfallgefährdetem Fremdkapital gilt: $r_{FK} = r_f$

215 Vgl. Rapp (2006), S. 771.

216 Vgl. Damodaran (2006), S. 30

zepten auch insbesondere Konzepte zur Liquidation oder Zerschlagung des Unternehmens zu berücksichtigen.[217]

In diesem kurzen Exkurs wird deshalb zur Vollständigkeit der negative Fall angesprochen, in dem das Unternehmen nicht mehr sanierungsfähig ist.[218] Zudem wird auf dieses Unterkapitel in Kapitel 5.2 zurückgegriffen.

Der Liquidationswert wird ermittelt als die Summe der Barwert der Nettoerlöse, welche sich aus der Veräußerung der Vermögensgegenstände ergeben.[219] Hiervon sind die Unternehmensschulden inklusive infolge der Liquidation entstehende Passivposten wie Sozialplanverpflichtungen oder Vorfälligkeitsentschädigungen abzuziehen. Mit der Liquidation anfallende Verpflichtungen (Aufwands- oder Kulanzverpflichtungen) sind nicht zu berücksichtigen. Dagegen sind anfallende Liquidationskosten sowie die Ertragssteuern auf einen Liquidationsgewinn ebenfalls abzuziehen.[220] Die Höhe des Liquidationswerts wird einerseits von der Zerschlagungsgeschwindigkeit (Zeitraum der Veräußerung) und andererseits von der Zerschlagungsintensität (Grad der Aufsplitterung der Vermögensgegenstände) bestimmt.[221] Im Falle des Financial Distress kann der Barwert der finanziellen Überschüsse aus der Liquidation den Wert des Unternehmens bei Fortführung übersteigen. Der Liquidationswert bildet folglich die Wertuntergrenze.

217 Vgl. IDW S1 i.d.F. 2008, Tz 150; Wagner (2007), S. 139-142, 148-150.

218 „Sanierungsfähig ist ein erwerbswirtschaftliches Unternehmen nur dann, wenn es nicht nur die Fortführungsfähigkeit i.S.d. § 252 Abs. 1 Nr. 2 HGB sichert, indem es durch geeignete Maßnahmen etwaige tatsächliche und rechtliche Gegebenheiten beseitigt, die einer Fortführung entgegenstehen, sondern wenn es darüber hinaus durch geeignete Maßnahmen auch nachhaltig sowohl die Wettbewerbsfähigkeit als auch die Renditefähigkeit wieder erlangen kann und es damit nachhaltig fortführungsfähig ist." (Entwurf IDW ES 6 i. d. F. 2008, Tz 9); siehe darüber hinaus ausführlich zur Sanierungsprüfung Pfitzer (2007), S. 405-582.

219 Vgl. IDW S1 i.d.F. 2008, Tz 141.

220 Vgl. Wagner (2007), S. 141.

221 Vgl. Wagner (2007), S. 141.

5 DCF-Verfahren im Financial Distress: Ansätze zur Integration

5.1 Ansatz von Homburg, Stephan, Weiß (2004)

In ihrem Beitrag „Unternehmensbewertung bei atmender Finanzierung und Insolvenzrisiko" greifen Homburg, Stephan, Weiß (2004)[222] auf das Adjusted Present Value-Verfahren (im Folgenden APV-Verfahren genannt) zurück und erweitern dieses bei atmender, d.h. unternehmenswertabhängiger Finanzierung auf den Fall einer möglichen Insolvenz.[223] Das APV-Verfahren eignet sich besonders zur Analyse des Insolvenzrisikos, da die Einflüsse der Investitions- und Finanzierungsentscheidungen isoliert betrachtet werden.[224]

Das Insolvenzrisiko beeinflusst zum einen die Höhe der erwarteten Fremdkapitalrendite, da sich der vertraglich vereinbarte Kreditzinssatz von der erwarteten Rendite der Fremdkapitalgeber unterscheidet, zum anderen die Höhe der erwarteten Tax Shields. Diese zwei genannten Punkte bauen auf den Überlegungen in Kapitel 4.4 auf. Außerdem wirkt sich das Insolvenzrisiko auf die Gleichung der Weighted Average Cost of Capital (WACC) aus und es ist - ausgehend von der nur für den Fall des risikolosen Fremdkapitals gültigen WACC-Gleichung - eine Anpassung jener vorzunehmen.

Für die Herleitung der notwendigen Formeln zur Berechnung des Unternehmenswerts bedienen sich die Autoren einer rekursiven Vorgehensweise mittels Rollback-Verfahren in Analogie zu Miles, Ezzel (1980), berücksichtigen dementgegen jedoch das Insolvenzrisiko.[225] Dieses Vorgehen ist daher erforderlich, da nach dem APV-Verfahren bei atmender Finanzierung die Tax Shields vom Unternehmenswert abhängig sind, dieser jedoch berechnet werden soll. Demnach wird zunächst der Unternehmenswert im Rentenfall sowie in der Detailplanung getrennt

---

222 Prof. Dr. Carsten Homburg ist Direktor der Wirtschafts- und Sozialwissenschaftlichen Fakultät an der Universität zu Köln. Dr. Jörg Stephan war von 2001 bis 2006 am Seminar beschäftigt, Dr. Matthias Weiß von 2000 bis 2005.

223 Vgl. zu folgendem Unterkapitel 5.1 Homburg, Stephan, Weiß (2004), S. 276-295. Die weiteren Ausführungen zeigen die wesentlichen Schritte zusammengefasst auf. Die Zwischenschritte zur Ermittlung der wichtigsten Gleichungen werden aus Platzgründen nicht dargestellt.

224 Siehe hierzu grundlegende Ausführungen in Kapitel 2.3.3.

betrachtet und anschließend zusammengeführt. Nachfolgende Abbildung 5.1 zeigt grafisch das Vorgehen auf:

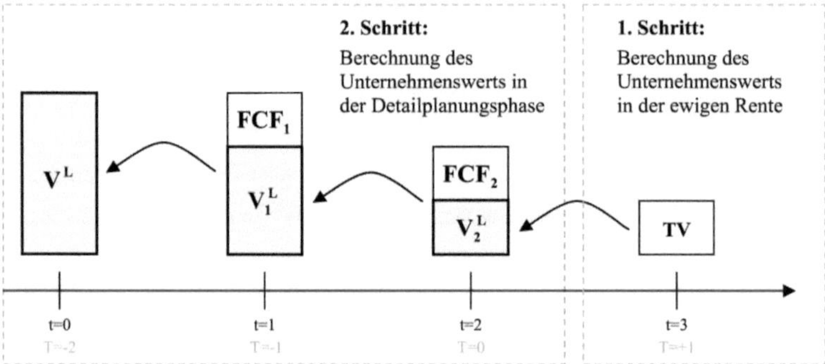

Abbildung 5.1: Schrittweise Berechnung des Unternehmenswerts nach Homburg, Stephan, Weiß (2004)
(Quelle: eigene Darstellung.)

Dem Modell liegen folgende Annahmen zugrunde:

1)	Das Unternehmen ist einem Insolvenzrisiko ausgesetzt, d. h. das Fremdkapital und die Zinszahlungen sind ausfallgefährdet.
2)	Im Insolvenzfall sind alle Insolvenzgläubiger gleichberechtigt.
3)	Es wird eine atmende Finanzierung mit einer konstanten Fremdkapitalquote durchgeführt.
4)	Es wird von im Zeitablauf konstanten Marktzinssätzen ausgegangen. Das Investitionsrisiko des Unternehmens ist ebenfalls konstant.
5)	Der Steuersatz s ist konstant und linear und wird auf Unternehmensebene erhoben, wobei die Fremdkapitalzinsen abzugsfähig sind. Von einer Besteuerung auf Anteilseigner- und Gläubigerebene wird abgesehen.
6)	Ein anfallender Steuervorteil der Fremdfinanzierung kann unmittelbar zum Ende der jeweiligen Periode realisiert werden. Bei Insolvenz steht das Tax Shield den Gläubigern (bis zur Befriedigung ihrer Ansprüche) zu.
7)	Im Insolvenzfall führt ein eventuell auftretender steuerlicher Gewinn aufgrund des Erlasses von Verbindlichkeiten nicht zu Steuerzahlungen.
8)	Die periodenspezifischen Free Cashflows und Tax Shields werden vollständig an die Eigner und Fremdkapitalgeber ausgeschüttet.
9)	Bei der Planung der Free Cashflows wird von einem Zwei-Phasenmodell ausgegangen.

Tabelle 5.1: Annahmen zum Bewertungsmodell nach Homburg, Stephan, Weiß (2004)
(Quelle: Homburg, Stephan, Weiß (2004), S. 280 f.)

Zunächst ist der Unternehmenswert im Rentenfall (entsprechend Abbildung 5.1 im Zeitpunkt T=+1 bzw. t=3) zu bestimmen. Allgemein gilt:

[225] Siehe ergänzend dazu grundlegende Arbeit „The Weighted Average Cost of Capital, Perfect Marktets, and Project Life: A Clarification“ von James A. Miles und John R. Ezzel (1980).

(5.1)
$$V_T^L = V_T^U + \text{Wert der Tax Shields des Residualzeitraums}$$
$$\text{mit } V_T^U = \frac{\overline{FCF}_{T+1}}{k_{EK,u}}$$

mit:
V_T^L = Unternehmenswert (verschuldet)
V_T^U = Unternehmenswert (unverschuldet)
$\overline{FCF}_{T+1}$ = Free Cashflows im Zeitpunkt T+1
$k_{EK,u}$ = Eigenkapitalkosten eines unverschuldeten Unternehmens

Außerdem ist die Ermittlung der erwarteten Fremdkapitalrendite unter Berücksichtigung des vertraglich vereinbarten Fremdkapitalzinssatzes und Insolvenzrisikos für die weiteren Ausführungen wesentlich:

(5.2)
$$k_{FK} = PD \times (-1) + (1 - PD) \times k_{FK}^V$$

mit:
k_{FK} = Fremdkapitalkostensatz (=erwartete Rendite der Fremdkapitalgeber)
k_{FK}^V = Vertraglich vereinbarter Fremdkapitalzinssatz
PD = Ausfallwahrscheinlichkeit (Probability of Default)

Weiterhin wird zur Bestimmung der erwarteten Tax Shields in T+1 die Einführung der Größe VvA_{T+1}^F erforderlich, die den unsicheren Marktwert des Fremdkapitals in T+1 darstellt.[226] Nachfolgende Abbildung 5.2 zeigt die allgemeine Ermittlung des Tax Shields im Zwei-Zeitpunkt-Zwei-Zustand-Fall:

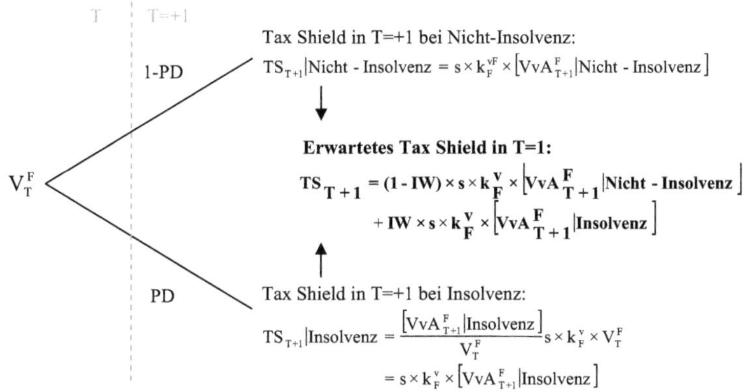

Abbildung 5.2: Ermittlung der Tax Shields in T=+1
(Quelle: eigene Darstellung in Anlehnung an Homburg, Stephan, Weiß (2004), S. 282.)

[226] Die Unsicherheit des Marktwerts resultiert aus der atmenden Finanzierung. Ist das Unternehmen keinem Insolvenzrisiko ausgesetzt bzw. wird ausgeschlossen, kann in T=+1 der Marktwert bestimmt werden. Die Integration des Insolvenzrisikos ermöglicht dies jedoch nicht.

Das Tax Shield in T=1 ist damit: $\mathbf{TS_{T=1} = s \times k_F^V \times VvA_{T=1}^F}$ und trägt das gleiche Risiko im Zeitpunkt T=1 wie das Fremdkapital. Die Diskontierung der erwarteten Tax Shields mit zwei Planphasen ist folgender Abbildung 5.3 zu entnehmen:

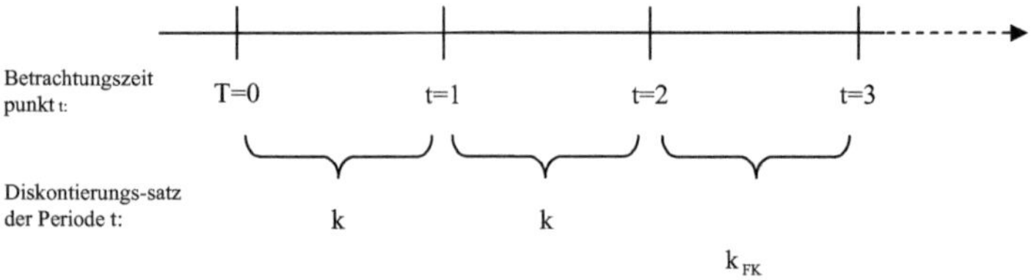

Abbildung 5.3: Diskontierung der erwarteten Tax Shields
(Quelle: eigene Darstellung in Anlehnung an Homburg, Stephan, Weiß (2004), S. 283.)

Es wird folgender Gesamtwert des verschuldeten Unternehmens zum Zeitpunkt T zusammenfassend abgeleitet, wobei unter Berücksichtigung der Tax Shields aus Abbildung 5.2 die Beziehung zwischen erwartetem Marktwert des Fremdkapitals VvA_{T+1}^{FK} und dem tatsächlichen Wert des Fremdkapitals V_T^F, also $VvA_{T+1}^{FK} = V_T^{FK} \times \frac{1+k_{FK}}{1+k_{FK}^V}$ [227] grundlegend hierfür ist:

$$V_T^L = \underbrace{\frac{\overline{FCF}_{T+1}}{k_{EK,u}}}_{V_T^U} + \underbrace{\frac{s_U \times k_{FK}^V \times \frac{1+k_{FK}}{1+k_{FK}^V} \times \frac{FK}{GK} \times V_T^L}{k_{EK,u}} \times \frac{1+k_{EK,u}}{1+k_{FK}}}_{\text{Wert des Tax Shields im TV}} \quad (5.3)$$ [228]

mit:
- V_T^L = Unternehmenswert (verschuldet)
- V_T^U = Unternehmenswert (unverschuldet)
- $\overline{FCF}_{T+1}$ = Free Cashflows im Zeitpunkt T+1
- $k_{EK,u}$ = Eigenkapitalkosten eines unverschuldeten Unternehmens
- s_U = Unternehmenssteuersatz
- k_{FK} = Fremdkapitalkostensatz (=erwartete Rendite der Fremdkapitalgeber)
- k_{FK}^V = Vertraglich vereinbarter Fremdkapitalzinssatz

Durch Umformung lässt sich diese Gleichung ebenfalls wie folgt darstellen und zeigt damit, dass die APV-Methode in die WACC-Methode überführt werden kann:[229]

---

227 Der Term $\frac{1+k_F}{1+k_F^V}$ stellt die erwartete prozentuale Erfüllung der Fremdkapitalverbindlichkeiten einer Periode dar (Gegenwahrscheinlichkeit zur Ausfallwahrscheinlichkeit).

228 Der Ausdruck $\frac{1+k}{1+k_F}$ stellt den Korrekturfaktor in der Ermittlung der ewigen Rente dar, welcher daraus resultiert, dass das Tax Shield in der ewigen Rente keinem Investitions- sondern nur noch einem Insolvenzrisiko ausgesetzt ist.

(5.4) $$V_T^L = \frac{FCF_{T+1}}{k_{EK,u} - s_U \times k_{FK}^V \times \frac{FK}{GK} \times \frac{1+k_{EK,u}}{1+k_{FK}^V}}$$

Darüber hinaus leiten Homburg, Stephan, Weiß ein an das Insolvenzrisiko angepassten WACC ab. Hierdurch wird es möglich, den Wert des verschuldeten Unternehmens im Rentenfall auch ohne das Roll-back-Verfahren zu bestimmen.[230]

Die Bestimmung des Unternehmenswerts bei detaillierter Planung (2. Schritt) erfolgt ebenfalls rekursiv. Nach $V_T^U = \frac{\overline{FCF_{T+1}}}{k_{EK,u}}$ erhält man den Wert des unverschuldeten Unternehmens zum Zeitpunkt T=-1. Unter Ausnutzung von $VvA_T^{FK} = \frac{FK}{GK} \times V_{T-1}^L \times \frac{1+k_{FK}}{1+k_{FK}^V}$ ergibt sich:

(5.5) $$V_{T-1}^L = \underbrace{\frac{\overline{FCF_T}}{1+k_{EK,u}}}_{V_T^U} + \underbrace{\frac{s_U \times k_{FK}^V \times \frac{1+k_{FK}}{1+k_{FK}^V} \times \frac{FK}{GK} \times V_{T-1}^L}{k_{FK}}}_{\text{Wert des Tax Shields im TV}}$$

Abschließend sind beide Schritte zu verbinden. Es ergibt sich folgende Formel:

(5.6) $$V_{T-1}^L = \frac{FCF_T + V_T^L}{(1+k_{EK,u}) \times (1 - \frac{s_U \times k_{FK}^V \times \frac{FK}{GK}}{1+k_{FK}^V})}$$

Somit sind die für die Bestimmung des Unternehmenswerts anhand Gleichung (5.6) bei Insolvenzrisiko die Gleichungen (5.4) und (5.5) wesentlich (siehe hierzu Abbildung 5.1). Das fortlaufende Fallbeispiel in Anhang A zeigt die praktische Anwendung zur Berechnung des Unternehmenswerts im Financial Distress unter Rückgriff auf den Ansatz von Homburg dar. Eine Diskussion des Ansatzes findet in Kapitel 5.4. statt.

---

[229] Der dargestellte Nenner stellt den sogenannten Mile-Ezzel-WACC dar, welcher um das Insolvenzrisiko verallgemeinert wurde. Damit zeigt sich, dass bei Vorliegen eines Insolvenzrisikos anstatt des risikofreien Zinssatzes der vertragliche Fremdkapitalzinssatz zur Berechnung herangezogen werden muss.

[230] Der an das Insolvenzrisiko angepasste WACC kann entsprechend folgender Formel aufgezeigt werden: $WACC^I = k_{FK} - s_U \times k_{FK}^V \times \frac{1+k_{FK}}{1+k_{FK}^V} \times \frac{FK}{GK} + k_{EK,v} \times (1 - \frac{FK}{GK})$. Bei dieser Formel ändert sich letztlich nur der Fremkapitalkostenanteil. Es erfolgt eine Berücksichtigung der Belastung des Unternehmens aufgrund der Fremdfinanzierung unter Insolvenzrisiko. Hierauf aufbauend ist zudem die Ableitung der Eigenkapitalkosten eines unverschuldeten Unternehmens möglich. Dadurch kann wie bereits erwähnt das Roll-back-Verfahren umgangen werden.

Es zeigt sich, dass der Ansatz nicht dazu geeignet ist, Unternehmen im Financial Distress zu bewerten.

5.2 Ansätze von Damodaran (2006)

5.2.1 Systematisierung der Ansätze

In den Ausführungen „The Cost of Distress: Survival, Truncation Risk and Valuation“ (2006) und „Valuing Distressed and Declining Companies“ (2009) zeigt Damodaran[231] auf, wie Financial Distress in die verschiedenen Bewertungsverfahren (siehe nachfolgende Abbildung 5.4) integriert werden kann.[232] Hierbei liegen seine Überlegungen schwerpunktmäßig auf den DCF-Verfahren. In diesem Kapitel wird dem ebenfalls gefolgt. Die Ausführungen zu „Relative Valuation in Distress“ werden in dieser Arbeit nicht thematisiert. Des Weiteren erfolgt die Diskussion der simulationsbasierte Bewertung außerhalb dieses Unterkapitel in Kapitel 5.3, da die Ausführungen im Allgemeinen betrachtet werden und nicht ausschließlich auf Damodarans Überlegungen gründen.

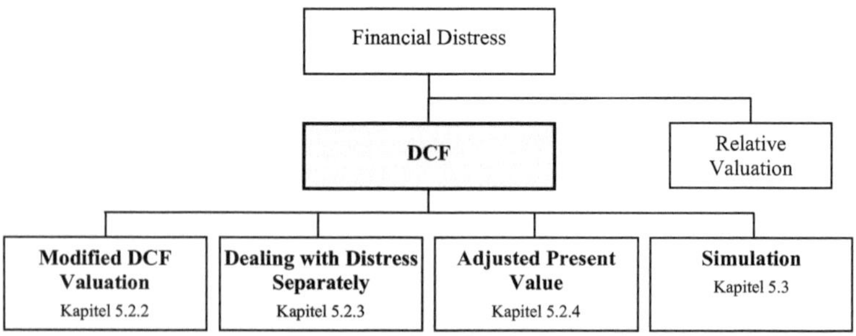

Abbildung 5.4: Bewertungsansätze nach Damodaran (2006)
(Quelle: eigene Darstellung.)

Damodaran baut seine Ausführungen zu Financial Distress auf einem Framework auf, in dem er den Zustand des Unternehmens in einer Vier-Feld-Matrix abbildet

---

[231] Aswath Damodaran ist Professor für Finance an der Stern School of Business der New York University und lehrt Corporate Finance sowie Valuation. Weiterhin ist er Autor zahlreicher Bücher und Journals (u.a. Damodaran on Valuation, Investment Valuation, The Dark Side of Valuation). Ergänzende Infos zu Damodaran sowie seinen wissenschaftlichen Unteruchungsfeldern unter: http://pages.stern.nyu.edu/~adamodar/New_Home_Page/home.htm.

[232] Vgl. zu den folgenden Ausführungen in Kapitel 5.2.2, 5.2.3 und 5.2.4 schwerpunktmässig Damodaran (2006) und Damodaran (2009).

(Tabelle 5.2) und entsprechende Grundsatzbewertungen bzw. -ansätze zuordnet. In den folgenden Unterkapiteln werden die zwei Szenarien des High Distress in Bezug auf DCF-Verfahren betrachtet.

	No or low Distress (Not much debt, investment grade rating)	**High Distress (High debt commitments, low rating)**
Irreversible (Sector in trouble)	1. Value the firm with existing management and expected decline (Going Concern Value) 2. Value the firm, assuming orderly liquidation of all of its assets. 3. Expected Value = Maximum (Going Concern Value, Orderly liquidation value)	1. Start with the expected value (irreversible, no distress) 2. Estimate the probability of distress and proceeds from forced liquidation of firm. 3. Re-compute the expected value, adjusting for distress.
Reversible (Firm outlier in healthy sector)	1. Value the firm with existing management and expected decline. 2. Value the firm with better management and recovery. 3. Expected Value = Status Quo Value (Probability of no management change) + Optimum Value	1. Start with the expected value (reversible, no distress) 2. Estimate the probability of distress and proceeds from distress sale of firm. 3. Re-compute the expected value, adjusting for distress. 4. If equity investors run the firm, value the option to liquidate.

Tabelle 5.2: Framework zur Einordnung des Unternehmenszustands und Ableitung von Bewertungsvorgehen nach Damodaran (2006)
(Quelle: Damodaran (2009), S. 23.)

Die Grundlagen seiner Ansätze – die Wahrscheinlichkeit von Financial Distress und dessen Konsequenzen – bauen auf den in den Kapiteln 4.1 bis 4.4 beschriebenen Punkten auf und werden deshalb im weiteren Verlauf nicht explizit und detailliert beschrieben. Es ist jedoch kritisch anzumerken, dass er seinen Ausführungen keine Annahmen seiner Modelle zu Grunde legt und in der Regel keine Quellen zitiert.

5.2.2 Modified Discounted Cashflow Valuation

Die modifizierte DCF-Bewertung berücksichtigt den Zustand des Financial Distress als Anpassung der erwarteten Cashflows und dem geschätzten erwarteten Diskontierungszinssatz.

Zum einen ist die Wahrscheinlichkeit, dass das Unternehmen insolvent geht, in den jährlich zu erwarteten Cashflows zu berücksichtigen. Damit ist verbunden, alle möglichen Szenarien zu bewerten und jedem eine Wahrscheinlichkeit zu zuordnen, von dem optimalen bis hin zum pessimistischsten Fall der Insolvenz. Die Summe dieser ergibt den erwarteten Cashflow:

(5.7) $$\text{Expected Cashflow} = \sum_{j=1}^{j=n} \pi_{jt} \times (\text{Cashflow}_{jt})$$

mit: π_{jt} = Wahrscheinlichkeit des Szenarios j in Periode t
Cashflow_{jt} = Cashflow des Szenarios j in Periode t

Es sind die Variablen Jahr für Jahr zu schätzen und zu berechnen. Dabei ist zu beachten, dass die Wahrscheinlichkeit kumulativ betrachtet wird. Beispielsweise beträgt die Wahrscheinlichkeit des „Überlebens" am Ende von Jahr 2 bei einer Insolvenzwahrscheinlichkeit von 10% in Jahr 1 und 15% in Jahr 2 somit 76,5%.[233]

Zum anderen ist die Wahrscheinlichkeit der Insolvenz in der Bestimmung der Diskontierungszinssätze zu berücksichtigen. Dazu sind zur Ermittlung der Eigenkapitalkosten weniger die einer Regressionsanalyse entnommenen Betafaktoren geeignet, da Financial Distress hierbei nicht adäquat berücksichtigt wird.[234] Dagegen zeigt Damodaran zwei Optionen zur Ermittlung der Eigenkapitalkosten auf. Einerseits kann unter Zuhilfenahme von sogenannten „Bottom-up Unlevered Beta-Faktoren"[235] und dem aktuellen Verschuldungsgrad der verschuldete Betafaktor des Unternehmens bestimmt werden, der wiederum in das bekannte CAPM einfließt:

(5.8) $$\beta_v = \beta_{\text{bottom-up unlevered}} \times (1 + (1 - s_U) \times \frac{FK}{EK})$$

mit: β_v = Beta-Faktor eines verschuldeten Unternehmens
$\beta_{\text{bottom-up unlevered}}$ = Bottom-Up Unlevered Beta-Faktor
s_U = Unternehmenssteuersatz
$\frac{FK}{EK}$ = Verschuldungsgrad

Andererseits lassen sich die Eigenkapitalkosten im CAPM mit einem Beta-Faktor eines gesunden Unternehmens berechnen und anschließend mit einem "Distress Premium" anpassen:

(5.9) $$k_{EK,v} = r_f + (MRP \times \beta_{gesund}) + \text{Distress Premium}$$

mit: $k_{EK,v}$ = Eigenkapitalkosten eines verschuldeten Unternehmens
r_f = Risikoloser Basiszinssatz

233 (1-10%)x(1-15%)=76,5%

234 Insbesondere resultiert dies aus der Tatsache, dass die „Regressionsbetas" über einen längeren Zeitraum berechnet werden und dies den Zustand des Financial Distress nicht ausreichend abbildet. Außerdem können die Fremdkapitalkosten verzerrt werden, falls diese auf den Marktzinssätzen ausgegebener Unternehmensanleihen oder auf Basis von Buchzinssätzen ermittelt werden.

235 Ein „Bottom-up Unlevered Beta" wird bestimmt, in dem man zunächst das gesamte Unternehmen in einzelne Unternehmensbereiche unterteilt, denen fundamentale Risiken bzw. Beta-Faktoren (unverschuldet) zuordnet und nach entsprechender Wertverteilung gewichtet (vgl. Damodaran (2009), S. 74-80).

β_{gesund} = Beta-Faktor eines gesunden Unternehmens
MRP = Marktrisikoprämie

Der Distress-Zuschlag kann auf Basis von historischen Daten beruhen[236] oder durch den Vergleich der Vorsteuer-Fremdkapitalkosten mit dem Branchendurchschnitt ermittelt werden.

Die Berechnung der Fremdkapitalkosten ist unter Berücksichtigung sogenannter Default-Spreads auf Basis des Anleihenratings durchzuführen:[237]

(5.10) $$k_{FK}^{vSt} = r_f + \text{Default Spread}$$

mit: k_{FK}^{vSt} = Fremdkapitalkosten (vor Steuern)
r_f = Risikoloser Basiszinssatz

Abschließend ist zur Bestimmung der Kapitalkosten nicht auf die Zielkapitalstruktur zurückzugreifen und diese konstant über die Jahre anzunehmen. Vielmehr sind die einzelnen Jahre unter Beachtung der gegebenen Situation des Financial Distress vernünftig zu schätzen.

5.2.3 Dealing with Distress Separately

Der nachfolgende Ansatz „Dealing with Distress Separately" stellt im Vergleich zur „modifizierten DCF-Bewertung" eine grundsätzlich andere Bewertungskonzeption dar. Dieser Ansatz verbindet beide Zukunftsalternativen, den positiven Turnaround sowie die negativen Konsequenzen bei einem Scheitern jener Sanierungsmaßnahmen in Form der Insolvenz bzw. Verkauf des Unternehmens, und gewichtet diese entsprechend der Insolvenzwahrscheinlichkeit. Die positive Zukunftsalternative wird durch den Ansatz des Going Concern Value ausgedrückt, die negative wird in dem Verkaufserlöse der Vermögenswerte berücksichtigt. Der Unternehmenswert kann demnach folgendermaßen formuliert werden:

$$\text{Firm Value} = \text{Going Concern Value} \times (1 - \pi_{\text{Distress}}) + \text{Distress Sale Value} \times \pi_{\text{Distress}}$$

π_{Distress} spiegelt die kumulative Wahrscheinlichkeit der Insolvenz in der Bewertungsperiode wider.[238]

---

236 Damit ist die Rendite gemeint, welche historisch bei Investitionen in Unternehmen unter Insolvenzgefahr erzielt wurde.

237 Siehe zu Credit Spreads Kapitel 3.2.2, Fn 135, Seite 30. Ergänzend dazu kann, sofern kein (Anleihe-)Rating existiert, auf ein synthetisches Rating zurück gegriffen werden. In der Literatur wird vereinfachend empfohlen, über den Zinsdeckungsgrad, d.h. das Verhältnis von EBIT (Earnings Before Interest and Tax) zum Zinsaufwand ein synthetisches Rating zu ermitteln (Vgl. Pankoke, Petersmeier (2009), S. 130f), siehe darüber hinaus Anhang B5.1: Darstellung von Credit Spreads in Abhängigkeit von Zinsdeckungsquote und Rating.

Es sind im Folgenden die drei Komponenten separat und detaillierter zu betrachten.

Zur Bestimmung des Going Concern Value werden entsprechend der inhärenten Annahme nur jene Szenarien in die Berechnung eingebracht, in denen das Unternehmen sich positiv entwickelt und gesundet. Der erwartete Cashflow beinhaltet folglich die Insolvenzwahrscheinlichkeit nicht und ist demnach höher als der, der in der modifizierten DCF-Bewertung ermittelt wurde.[239] Ebenso ist zur Bestimmung des Diskontierungsfaktors von einer positiven Unternehmensentwicklung auszugehen und somit von einer Erholung des Verschuldungsgrades (beeinflusst den Kapitalisierungszins über die Zielkapitalstruktur). Außerdem ist von einer Steuerersparnis (Tax Shield) auszugehen. Eine einfache wenn auch weniger exakte Alternative ist, das Unternehmen als ein gesundes Unternehmen zu bewerten. Dazu sind die erwarteten Cashflows des gesunden Unternehmen, welche auch unter Rückgriff auf eine durchschnittliche operative Marge der Branche bestimmt werden können und den Diskontierungszinssatz, welcher ebenso aus dem Branchendurchschnitt resultieren kann, zu berücksichtigen. Die Gefahr einer Überbewertung hierbei besteht, wenn das Unternehmen nicht den entsprechend gesunden Zustand des Branchendurchschnitts erreicht.

Die Bestimmung der Insolvenzwahrscheinlichkeit anhand verschiedener Ansätze war bereits Thema der Ausführungen in Kapitel 4.3. Damodaran sieht insgesamt drei alternative Ansätze zur Bestimmung der Insolvenzwahrscheinlichkeit. Die beiden ersten empirisch-statistische Verfahren und Unternehmensrating folgen den Ausführungen in genanntem Kapitel 4.3 und werden im Folgenden nicht weiter betrachtet. Darüber hinaus zeigt er die Möglichkeit auf, die Insolvenzwahrscheinlichkeit anhand des Anleihe-Preises zu bestimmen:

$$\text{(5.11)} \quad \text{Bond Price} = \sum_{t=1}^{t=N} \frac{\text{Coupon} \times (1 - \pi_{\text{Distress}})^t}{(1 + \text{Riskfree Rate})^t} + \frac{\text{Face Value of Bond} \times (1 - \pi_{\text{Distress}})^N}{(1 + \text{Riskfree Rate})^N}$$

Die Gleichung kann entsprechend nach π_{Distress} aufgelöst werden. Dieser Ansatz erfordert jedoch die Existenz von marktgehandelten Anleihen.

Abschließend ist der Verkaufserlös der Vermögensgegenstände zu betrachten und zu bewerten. Dieser kann in seiner Extremform (Insolvenzwahrscheinlichkeit = 1

[238] Bei einer Detailplanungsphase von vier Jahren und dem Ansatz des Terminal Value ist somit die kumulative Ausfallwahrscheinlichkeit von fünf Jahren zur Bewertung heranzuziehen.

bzw. 100%) dem Wert bei Liquidation des Unternehmens entsprechend. Jedoch bietet dieser Ansatz im Vergleich (Insolvenzwahrscheinlichkeit < 100%) zur Liquidation die Möglichkeit, eine Erholung und Gesundung des Unternehmens zu berücksichtigen. Das hat die Konsequenz, dass der Wertverfall der Vermögensgegenstände nicht derart groß ausfällt. Die Grundproblematik ist darin zu sehen, dass ein Unternehmen im Financial Distress seine Vermögenswerte zu einem Preis verkaufen muss, welcher geringer als der Present Value der erwarteten zukünftigen aus den bestehenden Vermögenswerten generierenden Cashflows ist. Zur Bestimmung der erwarteten Erträge aus dem Verkauf der Vermögensgegenstände sind drei Alternativen zu betrachten:

- Berechnung des Present Value der erwarteten Cashflows in einem DCF-Verfahren abzüglich eines Abschlags in % aufgrund des Distress Sales
- Berechnung des Present Value der erwarteten Cashflows in einem DCF-Verfahren, jedoch wird kein Wachstum angenommen
- Berechnung der Verkaufserlöse als einen Prozentbetrag der Buchwerte der Vermögensgegenstände, basierend auf Erfahrungen vergangener Verkäufe von insolvenzbedrohten Unternehmen

Es sind bei der Ermittlung der Verkaufserlöse der Vermögensgegenstände die gleichen Kriterien, welche die Wertermittlung bei Liquidation eines Unternehmens beeinflussen[240], zu berücksichtigen. Zu den Erträgen aus dem Verkauf der Vermögensgegenstände sind letztlich noch die Cash-Positionen hinzuzufügen.

5.2.4 Adjusted Present Value

Der Ansatz des „Adjusted Present Value“ nach Damodaran entspricht im Kern den Ausführungen derer in Kapitel 2 sowie Kapitel 5.1 (Ansatz nach Homburg, Stephan, Weiß). Hierbei wird zunächst der Wert des unverschuldeten Unternehmens betrachtet und im Anschluss um die Effekte aus einer anteiligen Fremdfinanzierung und Insolvenzwahrscheinlichkeit bereinigt.

Der Wert eines unverschuldeten Unternehmens kann unter der Annahme einer konstanten Wachstumsrate (welche unter gegebenen Umständen des Financial

239 Siehe Kapitel 5.2.2.

240 Siehe hierzu Kapitel 4.5 Exkurs zur Bewertung insolventer Unternehmen. Wesentliche Beeinflussungskriterien sind danach die Zerschlagungsgeschwindigkeit (Zeitraum der Veräußerung) sowie die Zerschlagungsintensität (Grad der Aufsplitterung der Vermögensgegenstände).

Distress betrachten werden sollte) als folgenden allgemein gültigen Term formuliert werden:[241]

(5.12)
$$V^U = \frac{FCF \times (1+g)}{k_{EK,u} - g}$$

mit: V^U = Unternehmenswert (unverschuldet)
FCF = Free Cashflow
g = Wachstumsrate
$k_{EK,u}$ = Eigenkapitalkosten eines unverschuldeten Unternehmens

Die Effekte aus einer anteiligen Fremdfinanzierung – die Steuerersparnis aufgrund der Abzugsfähigkeit der Zinszahlungen sowie die Insolvenzkosten – sind gegenläufig, dargestellt nachfolgend in Abbildung 5.5:

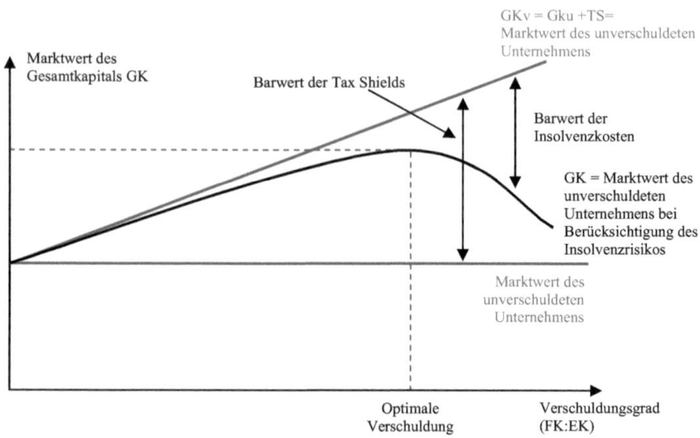

Abbildung 5.5: Effekte anteiliger Fremdfinanzierung und optimaler Verschuldungsgrad
(Quelle: Ross, Westerfield, Jaffe (2005), S. 407.)

Der positive Effekt einer Fremdfinanzierung, die Steuerersparnis, wird vereinfachend unter der Annahme einer unbegrenzten Laufzeit mit den Fremdkapitalkosten diskontiert:

(5.13)
$$\text{Value of Tax Benefits} = \frac{s_U \times k_{FK} \times FK}{k_{FK}}$$

mit: s_U = Unternehmenssteuersatz
k_{FK} = Fremdkapitalkostensatz
FK = Fremdkapital

241 Siehe hierzu Grundlagenkapitel 2.3: DCF-Verfahren zur Unternehmensbewertung.

Im Financial Distress ist allerdings dieser Effekt äußerst gering bis hinzu null. Erst mit zunehmender Erholung des Unternehmens ist dieser Effekt wieder substantiell.

Der gegenläufige Effekt resultiert aus den erwarteten Kosten des Financial Distress bei steigender Wahrscheinlichkeit einer Insolvenz. Die Quantifizierung des Effekts erfordert die Bestimmung der Insolvenzwahrscheinlichkeit und der direkten und indirekten Kosten:

$$\begin{aligned}\text{PV of Expected Bankruptcy Cost} &= (\text{Probability of Default}) \times (\text{PV of Bankruptcy Cost})\\ &= \text{PD} \times \text{BC}\end{aligned}$$

Die Quantifizierung der Kosten des Financial Distress ist äußerst schwierig und ein wesentliches Problemfeld dieses Ansatzes. Ein möglicher Weg, die erwarteten Insolvenzkosten zu ermitteln, liegt auf dem Rückgriff auf die im vorangegangenen Ansatz berechneten Unternehmenswerte unter der Annahme des Going Concern und der Verkauf der Vermögenswerte. Die Differenz hieraus kann als Insolvenzkosten interpretiert werden.

Schließlich kann der Unternehmenswert entsprechend diesem Ansatz folgendermaßen formuliert werden:

$$\text{Firm Value} = \underbrace{\frac{\text{FCF} \times (1+g)}{k_{EK,u} - g} + s_U \times \text{FK}}_{\text{Going Concern}} - \underbrace{\text{PD} \times \text{BC}}_{\text{Bankruptcy Costs}} \tag{5.14}$$

5.3 Erweiterung der DCF-Verfahren mittels Simulationsrechnung

In diesem Unterkapitel wird die Erweiterung der DCF-Verfahren um eine Simulationsrechnung mittels Monte-Carlo-Simulation als Alternative zu den bestehenden Ansätzen zur Integration von Financial Distress dargestellt.[242] Im Gegensatz zu den traditionellen DCF-Verfahren steht nicht ein absoluter Unternehmenswert am Ende des Verfahrens (einwertig) sondern eine Bandbreite von Unternehmenswerten mit zugehörigen Wahrscheinlichkeiten (mehrwertig).

[242] Die Monte-Carlo-Simulation geht auf die Arbeit von Hertz (1964): „Risk Analysis in Capital Investment“ zurück. In Deutschland hat Coenenberg (1970) mit seinem Beitrag „Unternehmensbewertung mit Hilfe der Monte-Carlo-Simulation“ erstmals dieses Verfahren in die Unternehmensbewertung eingebracht. „Die Monte-Carlo-Simulation ist ein numerisches Verfahren einer wiederholten Zufallsstichprobe aus vorgegebenen Wahrscheinlichkeitsverteilungen für die kritischen Modellvariablen.“ (von Weizäcker, Krempel (2004), S. 811). Im Falle der Unternehmensbewertung sind die kritischen Größen die den Unternehmenswert bestimmenden Werttreiber.

Eine ergänzende Simulationsrechnung ermöglicht, wichtige Einblicke in die Wertrelevanz von zu bewertenden Unternehmen sowie deren Risikoprofil zu erhalten. Im Folgenden wird zunächst die Erweiterung einer traditionellen DCF-Bewertung mit einer Monte-Carlo-Simulation im Allgemeinen vorgestellt und im Anschluss diese auf den Fall des Financial Distress angepasst.[243]

In den traditionellen DCF-Verfahren werden die Cashflow-Größen im Rahmen einer Planungsrechnung prognostiziert und als Erwartungswerte verstanden.[244] Der grundlegende Schritt einer Erweiterung mittels Simulationsrechnung besteht in dem Übergang von Erwartungswerten der Cashflow-Größen zu einer vollständigen Abbildung deren Wahrscheinlichkeitsverteilungen. Dazu muss das Geschäftsmodell des Unternehmens abgebildet und die Planungsrechnung analysiert werden, um die Werttreiber („Value Driver“) des Unternehmens zu identifizieren.[245] Nachfolgend werden die einzelnen Schritte einer Simulationsrechnung zusammenfassend grafisch in Abbildung 5.6 dargestellt sowie im Anschluss detailliert beschrieben: [246]

1. Abbildung des Geschäftsmodells:

Die Abbildung des Geschäftsmodells erfordert zunächst die Identifikation der Werttreiber des Unternehmens sowie auf diese wirkenden Einflussgrößen. Weiterhin sind diese Werttreiber sowie deren Einflussfaktoren in einem Unternehmensmodell abzubilden und in die Planungsrechnung (Bilanz, Gewinn- und Verlustrechnung, Kapitalflussrechnung, etc.) zu integrieren. Man spricht hierbei vom sogenannten „Base Case“. Grundsätzlich besteht in der Theorie keine Limitation hinsichtlich der Anzahl von zu identifizierenden Werttreibern. Es ist jedoch aus praktischen Gründen ratsam, sich auf die wesentlichen, substantiellen Werttreiber zu beschränken, zumal der Zusatznutzen vieler Werttreiber marginal ist.

---

243 Die Simulationstechnik und im Speziellen die Monte-Carlo-Simulation wurden bisher nur vereinzelnd im Kontext der Unternehmensbewertung diskutiert. Ein Anwendungsbeispiel findet sich beispielsweise für den Pharma-Bereich bei Moser, Schieszl (2001).

244 Siehe Grundlagenkapitel 2. Die Erwartungswerte können anhand einer Szenarioanalyse oder Entscheidungsbaumes abgeleitet werden (vgl. ausführlich Damodaran (2010)ion 2nd chapter,

245 Vgl. Moser, Schiezl (2001), S. 531.

2. Entwicklung von Szenarien und Aufbau eines Simulationsmodells:

Ein Szenario der zukünftigen Unternehmensentwicklung kann als eine spezifische Ausprägung jeder Einflussgröße der Werttreiber beschrieben werden. Es ist zunächst von drei Szenarien auszugehen, welche die Eckpunkte der Wertpotentiale des Unternehmens zeigen.

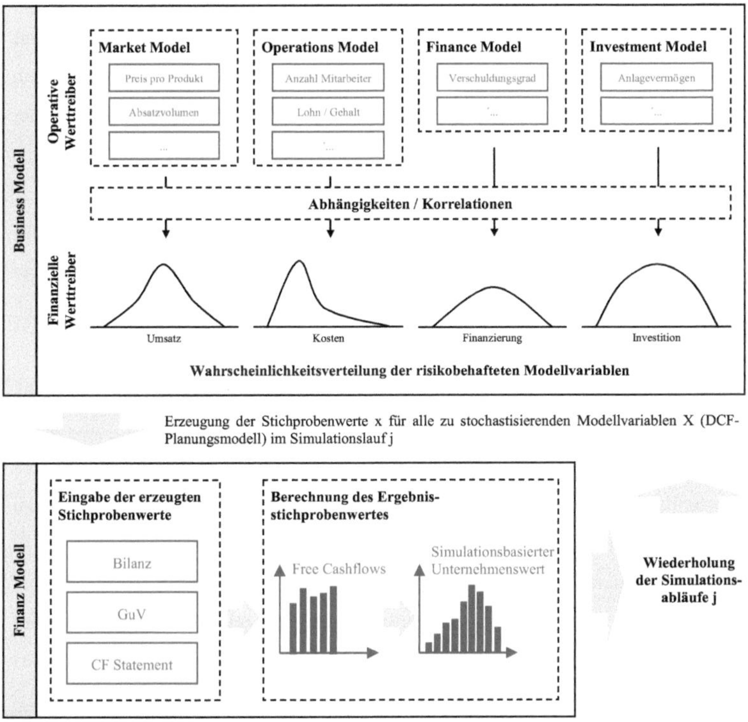

Abbildung 5.6: Schematischer Aufbau einer Simulationsrechnung
(Quelle: eigene Darstellung in Anlehnung an Henselmann, Klein (2010), S. 359, IFBC (2007), S. 4.)

Neben dem unter 1. beschriebenen Base Case, der am wahrscheinlichsten eintritt, kann der Worst Case und Best Case aufgezeigt werden. Jedoch sind diese Szenarien zu einschränkend und zeigen nicht das komplette Wert- und Risikoprofil des Unternehmens. Folglich sind diese entwickelten Randszenarien (Best Case und

[246] Die folgenden Ausführungen auf den Seiten 64-67 zum Aufbau des Simulationsmodells basieren auf den Arbeiten von Moser, Schieszl (2001); Damodaran (2009); Damodaran (2010); IFBC (2007); von Weizsäcker, Krempel (2004); Jödicke (2007).

Worst Case) in eine Wahrscheinlichkeitsverteilung zu überführen. Hierin ist der kritische, die Qualität und Aussagekraft der Simulationsrechnung bestimmende Schritt zu sehen. Es ist folglich der Definition der Wahrscheinlichkeitsverteilung vor dem Hintergrund sämtlich verfügbarer Informationen entsprechende Bedeutung beizumessen. Hierzu stehen grundsätzlich folgende Wege zur Bestimmung zur Verfügung:

a. Eine Wahrscheinlichkeitsverteilung bestimmter Werttreiber kann unter Einbezug historischer Daten ermittelt werden. Dazu können zur Darstellung beispielsweise des risikolosen Basiszins vergangener Entwicklungen zu Grunde gelegt werden. Jedoch sind im Falle des Financial Distress historische Daten nur bedingt bei wenigen Werttreibern einsetzbar.
b. Weiterhin können Wahrscheinlichkeitsverteilungen aus vergleichbaren Sachverhalten, Branchen- oder Marktkenntnissen, etc. abgeleitet werden. So kann beispielsweise auf die Wahrscheinlichkeitsverteilung der operativen Marge der Branche zurückgegriffen werden.
c. Als dritte Alternative ist der Rückgriff auf statistische Verteilungen zu sehen.
d. Klein (2010) zeigt darüber hinaus einen Ansatz auf, der Wahrscheinlichkeitsverteilungen aus Expertenbefragung im Rahmen eines Due Diligence-Prozess computergestützt (mit Hilfe geeigneter Software-Tools, die als Add-Ins zu gängigen Tabellenkalkulationsprogrammen verfügbar sind) ableitet.[247]

Bei der Modellierung des Simulationsmodells durch Bestimmung der Werttreiber und deren Wahrscheinlichkeitsverteilung ist stets eine zeitliche Abhängigkeit der Werttreiber sowie eine Interdependenz unter jenen zu berücksichtigen und in das Simulationsmodell zu integrieren. Zeitliche Interdependenzen bestehen beispielsweise bei Absatzpreisen der aktuellen und der vorangegangenen Periode. Als beispielhafte Interdependenzen zwischen einzelnen Werttreibern ist das Konsumentenverhalten, welches sich auf die unterschiedlichen Produkt(gruppen) auswirkt, zu nennen. Unter diesem Aspekt ist es folglich ratsam, sich auf wenige, entscheidende Werttreiber zu fokussieren und diese möglichst exakt und umfassend inklusive entsprechender Interdependenzen im Modell abzubilden.

---

[247] Siehe dazu die Darstellung des Prozesses der Expertenbefragung in Anhang B5.2.

3. Durchführung der Simulation:

Auf Basis des Geschäftsmodells und insbesondere der Werttreiber und deren Wahrscheinlichkeitsverteilung ist die Simulationsrechnung durchzuführen. Hierzu werden konkrete Realisationen auf der Grundlage der Wahrscheinlichkeitsverteilung der Werttreiber gezogen. Es wird ein konkretes Szenario dargestellt. Dieser Vorgang wird durch unabhängige Ziehungen der Werttreiber hinreichend oft wiederholt.[248] Die Zahl der notwendigen Wiederholungen wird bestimmt einerseits durch die Anzahl der Werttreiber, welche aus dem Geschäftsmodell abgeleitet werden. Dabei gilt, je mehr Werttreiber, desto mehr notwendige Wiederholungen. Andererseits bestimmen die Charakteristik der Wahrscheinlichkeitsverteilungen sowie die Bandbreite der möglichen Ergebnisse, wie viele Wiederholung als hinreichend gelten.

4. Auswertung der Simulationsergebnisse:

Der letzte Schritt beinhaltet die Auswertung der Simulationsrechnung. Das Ergebnis der Simulationsrechnung zeigt die Wahrscheinlichkeitsverteilung des Unternehmenswertes. Dabei kann der Mittelwert als Unternehmenswert mit dem aus einer traditionellen DCF-Bewertung ermittelten Unternehmenswert gleichgesetzt werden. Darüber hinaus können durch die Simulationsrechnung weitere Verteilungsstatistiken abgeleitet werden.[249] Die Verteilungsparameter liefern Einblicke in das Risikoprofil eines Unternehmens, die mithilfe einer traditionellen DCF-Bewertung nicht möglich wäre. Außerdem können im Rahmen der Auswertungen von Simulationsrechnungen Interdependenzen mittels Sensitivitätsberechnungen untersucht werden. Es kann dabei insbesondere untersucht werden, welche Werttreiber maßgeblichen Einfluss auf den Unternehmenswert haben. Zu den häufigsten Auswertungsverfahren zählen die Tornadodiagramme und Volatilitätsanalysen.[250]

---

248 Die Durchführung erfolgt mithilfe einer Simulationssoftware. Klein (2010) analysiert in seinem Working Paper die Vorzüge und Nachteile der am Markt gängigen Software-Varianten (@Risk, RiskSolver, Crystal Ball und ModelRisk) und stellt diese übersichtlich gegenüber.

249 Die Schwankungsstärke der Ergebnisse kann mittels einer Standardabweichung aufgezeigt werden. Diese misst – vereinfacht ausgedrückt – die durchschnittliche Abweichung zum Mittelwert und kann als ein Indikator des Risikoprofils eines Unternehmens interpretiert werden (vgl. ausführlich Moser, Schieszl (2001), S. 533).

250 Tornadodiagramme ermöglichen die Quantifizierung des Einflusses eines Werttreibers unter Konstanthaltung der weiteren Einflussgrößen (ceteris-paribus-Effekt), Volatilitätsanalysen

Nach den vorangegangenen Ausführungen der Erweiterung einer traditionellen DCF-Bewertung mit einer Simulationsrechnung ist diese nun auf den Fall einer Bewertung von Unternehmen im Financial Distress anzupassen. Dazu sind die Rahmenbedingungen der Simulationsrechnung zunächst grundsätzlich zu definieren und zwei zentrale Fragestellungen zu beantworten.[251] Demnach ist einerseits zu bestimmen, wann der Zustand des Financial Distress und der der Insolvenz eintritt. Es sind unter Beachtung der Ausführungen in Kapitel 4 die wesentliche(n) Maßgröße(n) und deren Grenzwert(e) zu definieren. Beispielsweise kann der Free Cashflow zur Bestimmung der Insolvenz vereinfachend herangezogen werden. Ist dieser über einen bestimmten Zeitraum negativ kann das Unternehmen den Zahlungsverpflichtungen, insbesondere die Zins- und Tilgung an die Fremdkapitalgeber, nicht mehr nachkommen und kann als insolvent bestimmt werden. Alternativ kann auch über die Zinsdeckungsquote, dem Verhältnis aus EBIT (Earnings before Interest and Tax) und Zinsaufwendungen, ein Financial Distress und Insolvenz auslösender Grenzwert bestimmt werden.[252]

Andererseits sind die Konsequenzen von Financial Distress sowie einer Insolvenz in der Simulationsrechnung zu modellieren. Hier kann beispielsweise die Liquidation des Unternehmens zu einem bestimmbaren Prozentsatz der Buchwerte der Vermögenswerte erfolgen.[253]

Beide genannten Punkte können schließlich wie nachfolgende Abbildung 5.7 veranschaulicht in ein grundlegendes Bewertungskonzept von Unternehmen im Financial Distress überführt werden.[254] Demnach werden in jeder Periode der Detailplanung die insolvenzauslösenden Maßgrößen überprüft.

Darüber hinaus ist das der Simulationsrechnung zu Grunde liegende Geschäftsmodell im Financial Distress anzupassen und zu erweitern. Im Financial Distress

---

zeigen den Einfluss einzelner Werttreiber bei gleichzeitiger Veränderung der weiteren Werttreiber.

251 Vgl. Damodaran (2009), S. 35 f.

252 Siehe hierzu Fn 159, 160 auf Seite 36, in denen die Problematik der schwierigen Abgrenzung von vorübergehender Zahlungsstockung und dauernder Zahlungsunfähigkeit angedeutet wird. Vereinfachend wird auch bei der Modellierung der Simulationsrechnung und den die Insolvenz begründenden Maßgrößen und Grenzwerten auf eine stichtagsbezogene Beurteilung der Zahlungs(un)fähigkeit am Geschäftsjahresende zurückgegriffen. Siehe ergänzend hierzu Entwurf IDW PS 800 n. F. 2008 „Beurteilung eingetretener oder drohender Zahlungsunfähigkeit bei Unternehmen".

253 Vgl. Damodaran (2009), S. 35.

254 Das Fallbeispiel in Anhang A basiert auf eben dargestelltem Konzept.

werden Sanierungs- und Turnaround-Strategien und -Maßnahmen[255] zur Bewältigung der Unternehmenskrise ausgegeben und eingeleitet.[256] Das Sanierungskonzept und die hieraus entstehenden Maßnahmeneffekte sind zu quantifizieren und in einer integrierten Unternehmensplanung zusammenzuführen.[257]

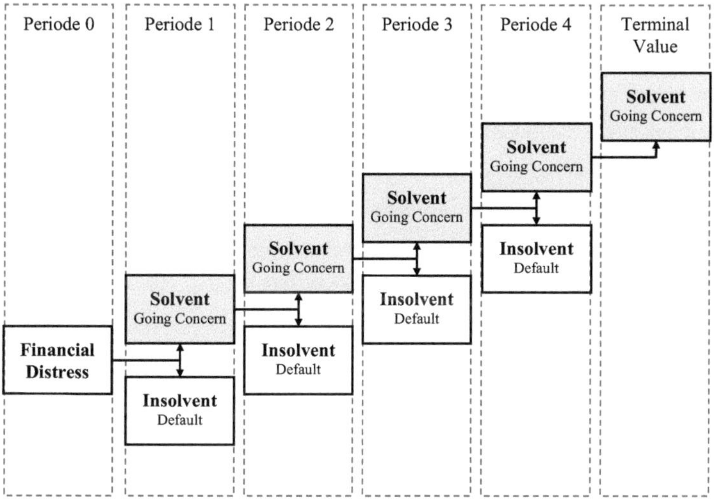

Abbildung 5.7: Grundlegendes Bewertungskonzept bei einer Simulationsrechnung im Financial Distress
(Quelle: eigene Darstellung.)

Hierdurch kann zudem einerseits die Finanzierbarkeit der beabsichtigen Maßnahmen nachgewiesen bzw. überprüft werden, andererseits die Vorteilhaftigkeit der Entscheidungsalternativen und deren Erfolgswahrscheinlichkeit abgelesen und ggf. direkt adjustiert werden.[258] Die Anwendung der Simulationsrechnung ermöglicht darüber hinaus explizit Maßnahmen, die von externen Faktoren wie beispielsweise das Mitwirken von Dritten abhängen, zu modellieren und deren Eintrittswahrscheinlichkeit zu berücksichtigen.

---

255 Eine Sanierung im Rahmen eines Insolvenzplanverfahrens (siehe hierzu IDW Standard: Anforderungen an Insolvenzpläne (IDW S 2), WPg 2000, S. 285) wird in dieser Ausarbeitung nicht in Betracht gezogen.

256 Eine vereinfachende, allgemein dargestellte Übersicht entsprechender Strategien je nach Krisenstadium der Unternehmenskrise ist in Entwurf IDW ES 6 i. d. F. 2008, Tz 85-113 zu finden.

257 Vgl. IDW ES 6 i.d.F. 2008, Tz 114, 115.

258 Vgl. IDW ES 6 i. d. F. 2008, Tz 114; Buchegger, Gleissner, Kamaras (2009), S. 24.

Das in Abbildung 5.6 auf Seite 62 dargestellte schematische Geschäftsmodell ist somit auf den Financial Distress anzupassen und um die Integration eines Sanierungsplans zu erweitern. Ein wesentlicher Vorteil dieser Erweiterung der traditionellen DCF-Verfahren im Financial Distress ist, dass zur Wertermittlung nicht explizit auf Insolvenzprognoseverfahren zurückgegriffen werden muss. Es lässt sich implizit aus der Simulationsrechnung eine Wahrscheinlichkeit ableiten, setzt diese jedoch zur Bestimmung des Unternehmenswerts im Financial Distress entgegen den zuvor dargestellten Ansätzen nicht als notwendigen Parameter voraus. Des Weiteren lässt sich detailliert und transparent das Sanierungskonzept, dessen Maßnahmenkatalog und deren Auswirkungen auf die Unternehmensplanung und letztlich auf den Unternehmenswert modellieren. Damit lässt sich ein umfassendes Bild des Risikoprofils, der Werttreiber sowie Bandbreiten von Unternehmenswerten und deren Wahrscheinlichkeit abbilden.

5.4 Zusammenfassung und Diskussion der Ansätze

Der Ansatz nach Homburg, Stephan, Weiß (Kapitel 5.1) sowie der Ansatz der modifizierten DCF-Bewertung („Modified DCF-Valuation“) nach Damodaran (Kapitel 5.2.2) gleichen sich im konzeptionellen Aufbau, unterscheiden sich hingegen in der technischen Umsetzung und deren Eignung.

Nach Homburg, Stephan, Weiß sind zwei Punkte bei der Betrachtung von Insolvenzrisiko in der Unternehmensbewertung anhand der DCF-Verfahren wesentlich: die Unterscheidung der vertraglich vereinbarten Kreditzinsen von der erwarteten Fremdkapitalrendite sowie die Annahme unsicherer Tax Shields. Die Anpassung erfolgt über die Fremdkapitalkosten des Diskontierungszinssatzes.[259] Die Insolvenzwahrscheinlichkeit beeinflusst die erwartete Fremdkapitalrendite, mit der anstelle des risikolosen Zinssatzes die unsicheren Tax Shields im APV-Ansatz diskontiert werden.

Der Ansatz nach Homburg, Stephan, Weiß diskutiert letztlich nur die Adjustierung des Diskontierungsfaktors an eine bestehende immanente Insolvenzgefahr.

[259] Homburg, Stephan, Weiß (2004) erwähnen in ihrem abschließenden Fallbeispiel zwar, dass die erwarteten Cashflows angepasst und die Insolvenzwahrscheinlichkeit in der Bestimmung dieser berücksichtigt wird, jedoch finden sich keine weiterführenden Erklärungen hierzu (vgl. Homburg, Stephan, Weiß (2004), S. 287 f).

Dabei zeigt sich, dass dieser Ansatz nicht in der Lage ist, Financial Distress ausreichend abzubilden, was den getroffenen Annahmen dieses Ansatzes geschuldet ist.[260] Aus den Annahmen 3 und 4 ergibt sich ein konstanter Fremdkapitalkostensatzes, was wiederum ein konstantes Insolvenzrisiko impliziert.[261] Im Financial Distress ist diese Konstanz nicht gegeben. Außerdem beruht die Gestaltung des vertraglich zugesicherten Fremdkapitalzinssatzes bei unvollständigen Informationen über die tatsächlichen Risiken des Unternehmens auf einem traditionellen Finanzkennzahlen-Rating und ist damit vergangenheitsorientiert.[262] Aufkommender Financial Distress und damit steigende, erhöhte Insolvenzwahrscheinlichkeit ist folglich nicht im vertraglich vereinbarten Zinssatz berücksichtigt. Temporär ist demnach die Differenz zwischen erwartetem Fremdkapitalkostensatz und vertraglich vereinbartem Fremdkapitalzinssatz substantiell. Langfristig werden sich die Kreditkonditionen dem veränderten Risikoprofil des Unternehmens anpassen. Die zentrale Frage dieses Ansatzes ist, ob und in welcher Höhe der vertraglich zugesicherte Fremdkapitalzinssatz die Insolvenzwahrscheinlichkeit berücksichtigt.

Dabei wird weiterhin unter der Annahme der Unternehmensfortführung (Going Concern) eine „unendliche Lebenszeit" der Unternehmung unterstellt. Folglich wird die Problematik der ewigen Rente im Financial Distress[263] und damit einhergehend eine Überbewertung der Unternehmung nicht berücksichtigt. Darüber hinaus werden die Kosten des Financial Distress nicht integriert und suggerieren damit weiterhin eine positive Entwicklung des Unternehmens.[264]

Insgesamt kann somit zusammenfassend gezeigt werden, dass der Ansatz von Homburg, Stephan, Weiß dazu geeignet ist, auf technisch sauberem Weg eine grundsätzliche (in der Regel geringe) Ausfallgefahr von Fremdkapital zu berücksichtigen. Damit kann eine Überbewertung diesbezüglich vermieden werden.

---

260 Siehe hierzu ebenfalls das Fallbeispiel in Anhang A4.2

261 Vgl. Homburg, Stephan, Weiß (2004), S. 280.

262 Vgl. Gleissner (2010), S. 737. Ergänzend dazu Gleissner (2002), S. 4-14 zum Risikorating als einen Ansatz zur Erfassung der originären, zukünfttigen Unternehmensrisiken.

263 Siehe hierzu Kapitel 4.4. Damit ist die Möglichkeit zu betrachten, dass das Unternehmen über den Detailprognosehorizont den Zustand der ewigen Rente, welche einen bedeutenden Wertbeitrag zum Gesamtunternehmenswert darstellt, gar nicht erreicht und zuvor insolvent geht.

264 Dies wird insbesondere dadurch deutlich, dass Homburg, Stephan, Weiß in ihrem Fallbeispiel zwar die Insolvenzwahrscheinlichkeit in den erwarteten Free Cashlows berücksichtigen, jedoch von wachsenden FCF ausgehen, was im Financial Distress in der Form nicht anzutreffen ist.

Hingegen ist der Ansatz nicht geeignet, um Unternehmen zu bewerten, welche sich per Definition in Financial Distress befinden. Ein umfassender Bewertungsansatz (und damit eine Vermeidung einer Überbewertung) für Unternehmen im Financial Distress kann damit abschließend nicht konstatiert werden. Vergleichbarer Kritik sieht sich der Ansatz der „modifizierten DCF-Bewertung" nach Damodaran ausgesetzt.

Neben der wahrscheinlichkeitsgewichteten Bestimmung der erwarteten Cashflows erfolgt eine Adjustierung des Diskontierungszinssatzes. Hierzu zeigt Damodaran zwei Alternativen auf, welche insbesondere die Bestimmung der Eigenkapitalkosten betreffen und somit aus technischer Sicht einen grundlegend anderen Weg zur Ermittlung des Diskontierungszinssatzes aufzeigen. Die Unterscheidung der Fremdkapitalzinssätze (vertraglich vereinbarter vs. erwartete Fremdkapitalrendite) und der sich hieraus ergebenen Problematik, dargestellt im Ansatz von Homburg, Stephan, und Weiß, sowie die Berücksichtigung der Unsicherheit der Tax Shields sind nicht Bestandteil seiner Überlegungen. Dagegen verweist Damodaran auf die Anwendung sogenannter „Bottom-Up Unlevered Beta" im CAPM oder auf die Berücksichtigung eines Distress Premiums in den Eigenkapitalkosten. Die Bestimmung des letztgenannten Distress Premiums stellt sich in der Praxis wohl eher schwierig da. Die Fremdkapitalkosten sind diesem Ansatz nach mit einer den risikolosen Zinssatz ergänzenden Risikoprämie anhand der Default Spreads von Anleihen zu bestimmen. Dies folgt der allgemeinen Praxis.

Die vorangegangene Kritik an dem Ansatz von Homburg, Stephan, Weiß hat auch hier Gültigkeit. Die Kosten von Financial Distress werden ebenso wenig berücksichtigt, wie der durch die weiterhin gültige Annahme der Unternehmensfortführung problematische Ansatz des Termin Values. Die Kritik bestätigt Damodaran explizit bereits in dem in den Bewertungsansatz einführenden Satz: „We can adopt discounted cash flow valuation to reflect <u>some</u> or most of the effects of distress on value."[265] Darüber hinaus sieht Damodaran die Problematik, die dem Going Concern sowie dem Financial Distress inhärenten Annahmen wie beispielsweise einerseits die optimistische Betrachtungsweise im Going Concern und

[265] Damodaran (2009), S. 36.

andererseits der Wertverfall des Unternehmens im Financial Distress in ein gemeinsames Modell zu integrieren.[266]

Der Ansatz des „separaten Ausweises von Distress" ermöglicht – wenn auch in einer Gleichung – die getrennte Betrachtung von positiver und negativer Entwicklung des Unternehmens (Gesundung vs. Insolvenz). Die Bewertung wird demnach in zwei Komponenten aufgeteilt und entsprechend der Insolvenzwahrscheinlichkeit bzw. mit deren Gegenwahrscheinlichkeit gewichtet. Damit können die zwei grundsätzlich unterschiedlichen Zukunftsperspektiven in der Bewertung berücksichtigt werden. Ebenso wird durch den Ansatz des Verkaufserlöses die Problematik des Barwerts der ewigen Rente berücksichtigt. Weiterhin kann die Differenz aus Fortführungswert und Liquidationserlös als Kosten von Financial Distress interpretiert werden. Zudem wird die Insolvenzwahrscheinlichkeit explizit in der Berechnungsformel ausgewiesen und gewichtet beide Szenarios. Damit gewährleistet dieser Ansatz eine hohe Transparenz in Bezug auf die Zusammensetzung des Unternehmenswerts und dessen Zustandekommen.

Der APV-Ansatz entspricht zunächst den grundlegenden Ausführungen in Kapitel 2.3.3, in dem der Unternehmenswert des fiktiv unverschuldeten Unternehmens ermittelt und um die Steuerersparnisse aus der Fremdfinanzierung erhöht wird. Darüber hinaus wird zur Berücksichtigung des Financial Distress und damit der sich hieraus ergebenden Kosten der gegenläufige Effekt aus der drohenden Insolvenz in die Wertermittlung integriert. Das Ergebnis dieser gegenläufigen Effekte ist im Financial Distress negativ ($s_U \times FK - PD \times BC$) und wirkt somit wertmindernd auf den Unternehmenswert.

Die Kosten des Financial Distress werden diesem Ansatz nach explizit berücksichtigt, wobei die Quantifizierung dieser diesen Ansatz in seiner praktischen Anwendung begrenzen kann. Dagegen wird in diesem Ansatz ebenfalls von der Annahme der Unternehmensfortführung ausgegangen.

Die Bestimmung der Insolvenzwahrscheinlichkeit kann als das grundlegende Problem der Bewertung von Unternehmen im Financial Distress angesehen werden. Zwar ermöglichen Unternehmensratings eine Ableitung der Wahrscheinlichkeit, doch dazu muss ein Unternehmen ein Rating logischerweise aufweisen. Insbesondere bei der Mehrzahl von kleinen und mittelständischen Unternehmen

266 Vgl. Damodaran (2009), S. 38.

(KMU) ist dies wohl nicht gegeben. Der Rückgriff auf ein synthetisches Rating ist eher als eine vereinfachende Hilfefunktion zu sehen. Die Bestimmung der kumulativen Insolvenzwahrscheinlichkeit stellt somit den Bewerter vor grundlegende Probleme.

Weiterhin wird die Bewertung von Unternehmen im Financial Distress durch eine große Unsicherheit geprägt, welche die Bewertung von Unternehmen im Standardfall nochmals übersteigt. Entgegen dem führen die bereits beschriebenen Ansätze zu einer Bewertung des Unternehmens an deren Ende ein einwertiger Unternehmenswert (sogenannte einwertige Punktprognose) steht. Bretzke (1975) formuliert dazu: „Aussagen über die Zukunft sind als Orientierungsdaten nur brauchbar, wenn sie (a) sich nicht auf punktuelle Schätzungen beschränken, sondern den gesamten Bereich des zukünftig Möglichen (genauer gesagt: des gegenwärtig für zukünftig möglich Gehaltenen) ausleuchten und (b) durch Maße ihrer Wahrscheinlichkeit spezifiziert sind. [...] Die Unvollkommenheit der Informationen erschwert den Vorgang der Grenzpreisermittlung insbesondere durch die mit ihr verbundene Mehrwertigkeit der Erwartungen, die der einwertigen Logik der Bewertungsmodelle widerspricht. Aus diesem Widerspruch können verschiedene Folgerungen gezogen werden. Eine unzweckmäßige Konsequenz ist aber in jedem Falle die Verdeckung der (de facto stets vorhandenen) Mehrwertigkeit des zukünftigen Möglichkeitsfeldes durch einwertige (Punkt-)Prognosen, wie dies in den klassischen Verfahren geschieht.“[267] Damit sehen sich die genannten Ansätze der Kritik ausgesetzt, eine unbekannt bleibende Bandbreite möglicher Werte zu einem einwertigen Unternehmenswert zusammenzufassen und damit den Adressaten der Bewertung zu täuschen.[268]

Dieser Kritik entgegen ermöglicht die Erweiterung der traditionellen DCF-Verfahren mithilfe der Simulationstechnik die geforderte Mehrwertigkeit der Unternehmensbewertung abzubilden. Insbesondere im Financial Distress, gekennzeichnet durch eine hohe Unsicherheit der zukünftigen Unternehmensentwicklung, zeigt diese Technik die gesamte Bandbreite möglicher Szenarien auf und weist diesen entsprechenden Wahrscheinlichkeiten zu. Des Weiteren lässt sich die Insolvenzwahrscheinlichkeit implizit aus der Simulationsrechnung ableiten. Folglich ist ein Rückgriff auf Insolvenzprognoseverfahren nicht notwendig.

---

[267] Bretzke (1975), S. 229.

Jedoch ist die Anwendung der Simulationstechnik mit einem hohen Aufwand, welche den der anderen Ansätze bei weitem übersteigt, verbunden. Darüber hinaus ist die Bestimmung der Eintrittswahrscheinlichkeit und –verteilung der wesentlichen Werttreiber im Geschäftsmodell sehr stark subjektiv und kann womöglich eine notwendige Transparenz und Nachvollziehbarkeit des Ansatzes nicht genügen.

[268] Vgl. Fischer-Winkelmann (2009), S. 357.

6 Schlussbetrachtung und Ausblick

Die vorliegende Arbeit untersucht mit der Thematik des Economic und Financial Distress bedeutende und im Falle des Financial Distress doch weniger beachtete Themengebiete der DCF-Verfahren. Die Zielsetzung war es, einerseits die Auswirkungen eines gesamtwirtschaftlich rezessiven Abschwungs und deren notwendigen Anpassungen in den DCF-Verfahren aufzuzeigen. Andererseits verfolgte die vorliegende Arbeit das Ziel, eine existenzbedrohende finanzielle Notlage eines Unternehmens und somit akutes Insolvenzrisiko in der Bewertung umfassend und korrekt abzubilden.

Der Economic Distress wurde an dem konkreten Beispiel der Finanz- und Wirtschaftskrise in den Jahren 2007 bis 2009 in Kapitel 3 dargestellt und anhand dieser historischen Entwicklungen auf den Finanzmärkten und der Realwirtschaft die notwendigen Anpassungen der Parameter der DCF-Verfahren diskutiert. Zum einen erforderte die Finanz- und Wirtschaftskrise eine wertmäßige Anpassung der Parameter, zum anderen waren die Berechnungsgrundlagen unter den Kriterien von Plausibilität und Nachhaltigkeit zu überprüfen und zu korrigieren.

Der risikolose Basiszinssatz ist weiterhin aus der Zinsstrukturkurve abzuleiten. Jedoch ist auf Empfehlung des IDW nicht mehr auf den Zinssatz bei einer Restlaufzeit von 249 Jahren abzustellen, sondern jenen Zinssatz mit einer Restlaufzeit von 30 Jahren fortzuschreiben. Die Marktrisikoprämie besitzt bei einer Bandbreite von 4,5% bis 5,5% weiterhin Gültigkeit wobei aufgrund gestiegener Volatilität und Unsicherheit ein Ansatz am oberen Rand zu befürworten ist. Die Entwicklungen der unternehmensindividuellen Beta-Faktoren wurden ausführlich dargestellt und deren Neubewertung in der Krise aufgezeigt.

Die Berechnungsgrundlage der Beta-Faktoren ist auf einen ausreichenden Beobachtungszeitraum, welcher mindestens zwei bis vier Jahre umfassen sollte, zu erweitern und um nicht nachhaltige Datenpunkte zu bereinigen. Anzumerken ist dabei, dass im Financial Distress eine Bestimmung der Beta-Faktoren auf Grundlage eines längeren Beobachtungszeitraums hingegen kritisch zu sehen ist.

Bei der Bestimmung der Eigenkapitalkosten ist darüber hinaus die Integration des Ausfallrisikos von Fremdkapital über einen Debt-Beta zu überdenken. Die Fremdkapitalgeber übernehmen insbesondere in unsicheren Zeiten einen Teil des operativen Risikos. Eine Vernachlässigung dieser Risikoübernahme würde damit zu einer Überschätzung der Eigenkapitalkosten führen.

Der Economic Distress besitzt eine makroökonomische Perspektive und überschattet damit eine Vielzahl von Unternehmen und Branchen. Er kann zudem aber substantielle Auswirkungen auf einzelne Unternehmen haben und diese in eine existenzbedrohende Notlage ziehen. In Kapitel 4 wurde hierfür der Zustand des Financial Distress definiert, abgegrenzt sowie deren Kosten und Prognosemodelle dargelegt. Es zeigt sich, dass eine Berücksichtigung von Financial Distress entgegen der allgemeinen Bewertungstheorie und –praxis notwendig erscheint und im Umkehrschluss eine Vernachlässigung zu überschätzten Unternehmenswerten führt.

Dazu wurden in Kapitel 5 verschiedene Ansätze zur Integration von Financial Distress auf Basis der DCF-Verfahren vorgestellt und auf deren Eignung überprüft. Als Ergebnis ist festzuhalten, dass der Ansatz nach Homburg, Stephan, Weiß nicht zur Unternehmensbewertung im Financial Distress geeignet ist. Die diesem Ansatz zu Grunde liegenden Annahmen des konstanten Fremdkapitalkostensatzes und folglich konstanter Insolvenzwahrscheinlichkeit stehen im Gegensatz zur Charakteristik des Financial Distress. Der Ansatz eignet dazu sich, Unternehmen des Investment Grades mit geringer und konstanter Ausfallwahrscheinlichkeit zu bewerten, deren Risikoprofil in den vertraglich vereinbarten Fremdkapitalzinssätzen bereits berücksichtigt ist. Zudem werden die Kosten eines Financial Distress nicht ausreichend abgebildet und den Terminal Value überschätzt. Letzt genannte Kritikpunkte haben ebenfalls bei dem Ansatz der modifizierten DCF-Bewertung nach Damodaran Gültigkeit.

Der Ansatz des „Dealing with Distress Separately“ nach Damodaran verbindet eine mögliche zukünftig positive Unternehmensentwicklung mit einer negativen und ermittelt hierdurch unter Berücksichtigung der Insolvenzwahrscheinlichkeit den Unternehmenswert. Dieser Ansatz ist zur Bewertung von Unternehmen im Financial Distress geeignet. Einerseits werden die Kosten des Financial Distress implizit abgebildet, welche hierbei als Differenz zwischen Fortführungswert und Verkaufserlös interpretiert werden können. Andererseits verhindert dieser Ansatz aufgrund der Berücksichtigung einer möglichen Insolvenz eine Überbewertung des Unternehmens durch den Ansatz des vollständigen Terminal Value. Außerdem weist er eine hohe Transparenz und damit Nachvollziehbarkeit der Berechnungsgrundlage auf.

Der Ansatz des „Adjusted Present Value“ nach Damodaran erweitert bekanntes APV-Verfahren um die Existenz der Financial Distress-Kosten. Die reine Quantifizierung dieser stellt die wesentliche Hürde dar und damit die Praktikabilität dieses Ansatzes in Frage.

Grundsätzlich führten bisher genannte Ansätze ungleich deren Eignung zu einer Punktprognose des Unternehmenswertes. Insbesondere im Financial Distress, der durch eine hohe Unsicherheit gekennzeichnet ist, ist dies kritisch zu betrachten.[269] Deshalb wurde in Kapitel 5.3 eine Erweiterung der traditionellen DCF-Verfahren mittels Simulationsrechnung dargestellt, mit derer die Informationsbasis vergrößert sowie Bandbreiten und Wahrscheinlichkeiten von Unternehmenswerten im Financial Distress aufzeigt werden können. Eine Simulationsrechnung ermöglicht zusätzlich explizit Sanierungsmaßnahmen in das Geschäftsmodell zu integrieren und zu quantifizieren. Weiterhin können Insolvenzwahrscheinlichkeiten ohne Rückgriff auf Prognosemodelle anhand der Simulation abgeleitet werden. Damit kann insbesondere für die Bewertung nicht kapitalmarktorientierter Unternehmen eine Grundlage zur Bewertung von Unternehmen im Financial Distress geschaffen werden.

Derzeit gibt es keinen umfassenden und detaillierten Ansatz zur Integration von Financial Distress in eine Simulationsrechnung. Unter dem Hintergrund einer stark globalisierten und dynamischen Wirtschaft, in der die allgemeine Unsicherheit sowie Chancen und Risiken im Unternehmensumfeld erheblich gestiegen sind und die Halbwertszeit von Unternehmen gesunken ist, ist die Anwendung der Simulationstechnik zur Abbildung von Financial Distress weiter auszubauen und zu analysieren. Die Möglichkeit, mit einem umfassenden Wert- und Risikoprofil genannter Unsicherheit und Dynamik zu begegnen, sollte Motivation sein, dieses Untersuchungsfeld wissenschaftlich nicht außen vor zu lassen und stärker in den Fokus zu rücken

Abschließend lässt sich festhalten, dass die vergangene Finanz- und Wirtschaftskrise die Aktualität und Bedeutung des Themengebiets des Financial Distress und dessen Abbildung in der Unternehmensbewertung aufgezeigt hat. Es ist deshalb diesem Themengebiet zukünftig vermehrt die notwendige Bedeutung beizumessen und die Problematik des Financial Distress wissenschaftlich intensiver zu diskutieren. Der Financial Distress stellt eine aktuelle und realitätsnahe Problemstellung in der Unternehmensbewertung dar, welches nicht aufgrund von Annahmen modelltheoretisch ausgeschlossen werden sollte.

[269] An dieser Stelle ist auf das Zitat von Bretzke (1975) auf Seite 70 zu verweisen.

Anhangsverzeichnis

Anhang A: Fallbeispiel: Bewertung der Hansbaum AG

Anhang A1: Darstellung der Hansbaum AG

Das nachfolgende, fiktive Fallbeispiel stellt die Bewertung der Hansbaum AG in den Jahren 2007, 2008 und 2009 dar. Die Bewertung erfolgt jeweils zu unterschiedlichen finanziellen Rahmenbedingungen des Unternehmens sowie der gesamtwirtschaftlichen Situation und überträgt die theoretischen Erkenntnisse aus den Kapiteln 3 bis 5 in die Praxis:

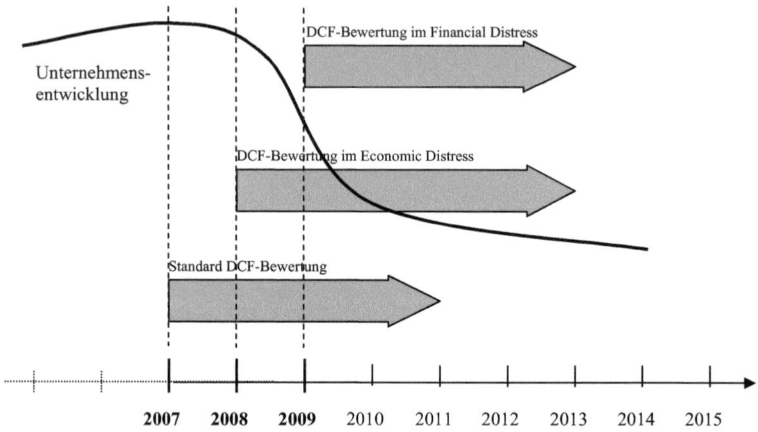

Anmerkung:

Das nachfolgende Beispiel ist fiktiv und frei erfunden, jede Ähnlichkeit ist zufällig. Die nachfolgenden Bewertungsschritte und –ansätze sind übersichtlich zusammengefasst. Eine reale Bewertung eines Unternehmens muss auf einer grundlegenden, fundamentalen Analyse des Unternehmens beruhen, die in diesem Fallbeispiel nicht dargestellt wird (siehe hierzu beispielsweise WP-Handbuch 2008 Band II, Abschnitt A).

Kurzbeschreibung der Hansbaum AG:

Die Hansbaum AG ist eine nicht-börsennotierte AG mit ca. 700 Mitarbeitern, die an drei Produktionsstandorten in Europa Produkte für den Bereich Prozessautomation herstellt und weltweit vertreibt. Bei einem Umsatzvolumen von ca. 150 Mio. EUR erzielte die AG im vergangenen Geschäftsjahr 2007 einen EBIT von ca. 10,5 Mio. EUR.

In einem umkämpften Marktumfeld ist die Hansbaum AG gut positioniert. Die Risiken liegen in einem beschränkten Produktportfolio sowie der Abhängigkeit von wenigen großen, industriellen Abnehmern. Deshalb wird verstärkt an der Einführung einer dritten Produktgruppe gearbeitet, um genannte Abhängigkeit zu vermindern, weitere Märkte zu erschließen und um somit Wachstum zu generieren. Die schrittweise Einführung der Produktgruppe ist für das Jahr 09 geplant und soll kontinuierlich erweitert werden. Dem Fallbeispiel liegen folgende grundlegenden Annahmen zu Grunde, die sich im Zeitablauf sowie Bewertungssituation nicht ändern:

- Unternehmenssteuersatz beträgt 30% und wird über die Zeit als konstant angenommen.
- Persönliche Steuern werden nicht berücksichtigt.
- Es existiert kein nicht-betriebsnotwendiges Vermögen.

Die Bewertung der Hansbaum AG erfolgt jeweils in 2007 und 2008 nach dem WACC- sowie dem APV-Ansatz. In 2009 – im Financial Distress – erfolgt die Bewertung nach den in Kapitel 5 dargestellten Ansätzen, welche konzeptionell auf diesen beiden Verfahren aufbauen.

Anhang A2: Bewertung der Hansbaum AG in 2007 (kein Distress)

Anhang A2.1: Ausgangslage und prognostizierte Finanzdaten in 2007

Folgende Ausgangsdaten der einzelnen Planmodule liegen der Bewertung in 2007 zu Grunde:

Planung Umsatz in 2007

in Mio. € PJ = Planjahr, TV = Terminal Value	**GJ** **07**	Detailprognose 1. PJ 08	 2. PJ 09	 3. PJ 10	 4. PJ 11	TV
Umsatzerlöse	**152,320**	**156,890**	**164,060**	**177,430**	**185,730**	**194,930**
in % zum VJ		3.00%	4.57%	8.15%	4.68%	4.95%
- Produktgruppe I	90,210	95,210	97,620	102,310	101,910	95,540
- Produktgruppe II	62,110	61,680	58,940	57,250	57,150	50,100
- Produktgruppe III	0	0	7,500	17,870	26,670	49,290

Planung Umsatz- und Verwaltungskosten in 2007

in Mio. € PJ = Planjahr, TV = Terminal Value	GJ	Detailprognose				TV
		1. PJ	2. PJ	3. PJ	4. PJ	
	07	08	09	10	11	
Umsatzkosten	**109,840**	**114,843**	**116,845**	**122,618**	**131,029**	**135,750**
in % zum Umsatz	72.11%	73.20%	71.22%	69.11%	70.55%	69.64%
in % zum VJ		4.56%	1.74%	4.94%	6.86%	3.60%
Verwaltungskosten	**31,960**	**32,981**	**37,665**	**41,641**	**41,328**	**40,555**
in % zum VJ		3.20%	14.20%	10.56%	-0.75%	-1.87%
Vertriebskosten	18,780	19,970	21,870	23,600	23,080	24,100
allgemeine Verwaltungskosten	12,650	12,551	14,585	16,201	16,458	15,355
Sonstige ~~Erträge~~/Aufwendungen	530	460	1,210	1,840	1,790	1,100

Planung EBIT in 2007

in Mio. € PJ = Planjahr, TV = Terminal Value	GJ	Detailprognose				TV
		1. PJ	2. PJ	3. PJ	4. PJ	
	07	08	09	10	11	
EBIT	**10,520**	**9,065**	**9,549**	**13,170**	**13,372**	**18,625**
EBIT-Marge	6.91%	5.78%	5.82%	7.42%	7.20%	9.55%

Die Hansbaum AG plant die Einführung einer dritten Produktgruppe. Diese soll langfristig das Produktportfolio erweitern. Hierdurch sinkt kurzfristig das EBIT um ca. 14%. Langfristig wird von einem EBIT von 10% ausgegangen. Die Planungsrechnung basiert auf einem Zwei-Phasen-Modell, dessen Detailprognosehorizont vier Jahre umfasst. Anschließend wird ein konstanter, eingeschwungener Zustand (Terminal Value) angenommen.

Die Planung der Investitionen, Abschreibungen und Finanzierung zeigen folgende Module:

Planung Investitionen, Abschreibungen und Finanzierung in 2007

in Mio. €, PJ = Planjahr, TV = Terminal Value	GJ	Detailprognose				TV
		1. PJ	2. PJ	3. PJ	4. PJ	
	07	08	09	10	11	
Investitionen						
Immaterielle Vermögenswert	2,560	1,860	1,950	2,325	2,300	1,700
Finanzanlagevermögen	125				1,200	
Sachanlagevermögen	4,265	8,500	5,750	5,950	7,050	5,050
SUM	**6,950**	**10,360**	**7,700**	**8,275**	**10,550**	**6,750**
Investitionsquote	4.56%	6.60%	4.69%	4.66%	5.68%	3.46%
Abschreibungen						
Immaterielle Vermögenswert	1,256	1,875	1,775	1,025	1,150	1,700
Finanzanlagevermögen		-289	-231	1,495		
Sachanlagevermögen	3,930	5,620	4,050	3,860	4,985	5,050
SUM	**5,186**	**7,206**	**5,594**	**6,380**	**6,135**	**6,750**

Δ Bestand						
Immaterielle Vermögenswert	1,304	-15	175	1,300	1,150	0
Finanzanlagevermögen		289	231	-1,495	1,200	0
Sachanlagevermögen	335	2,880	1,700	2,090	2,065	0
SUM	**1,639**	**3,154**	**2,106**	**1,895**	**4,415**	**0**
Lang Verbindlichkeiten						
ANFANGSBESTAND	55,400	56,007	59,145	58,807	58,771	
+ FK-Aufnahme	4,500	7,250	3,750	4,050	2,000	2,000
SUM	59,900	63,257	62,895	62,857	60,771	
./. Tilgung	3,894	4,112	4,088	4,086	3,950	3,510
ENBESTAND	**56,007**	**59,145**	**58,807**	**58,771**	**56,821**	**54,000**
Zinsen	3,920 0	4,140	4,116	4,114	3,977	3,780
Δ Working Capital						
WC	1,523	-1,943	-844	-425	1,248	323

Die vorangegangenen Plan-Module zeigen die geplanten Investitionen in das Sachanlagevermögen zur Einführung der dritten Produktgruppe. Die Steigerung der Immateriellen Vermögenswerte liegt im Ansatz der Entwicklungskosten nach IAS 38. Zur Finanzierung dieser Investitionen nimmt die Hansbaum AG Fremdkapital zu einem vertraglich vereinbarten Zinssatz von 6% auf. Auf Basis dargestellter Plandaten ergibt sich nachfolgend die Plan-Bilanz und Plan-GuV:

Plan-BILANZ in 2007

in Mio. €, PJ = Planjahr, TV = Terminal Value	GJ	Detailprognose				TV
		1. PJ	2. PJ	3. PJ	4. PJ	
AKTIVA	**07**	08	09	10	11	
A. Anlagevermögen	**70,905**	**74,059**	**76,165**	**78,060**	**82,475**	**85,450**
Immaterielle Vermögenswerte	17,775	17,760	17,935	19,235	20,385	20,450
Finanzanlagevermögen	3,450	3,739	3,970	2,475	3,675	4,150
Sachanlagevermögen	49,680	52,560	54,260	56,350	58,415	60,850
B. Umlaufvermögen	**54,012**	**54,762**	**53,830**	**57,376**	**54,779**	**52,700**
Vorräte	18,870	19,436	19,324	20,981	20,504	20,300
Forderungen aus Lieferung und Leistung	32,140	32,378	32,812	32,486	31,946	30,500
Zahlungsmittel und -äquivalente	3,002	2,947	1,694	3,910	2,328	1,900
C. Rechnungsabgrenzungsposten	**125**	**76**	**410**	**120**	**65**	**100**
ARAP	125	76	410	120	65	100
Bilanzsumme	**125,042**	**128,897**	**130,405**	**135,556**	**137,319**	**138,250**

in MIO €, PJ = Planjahr, TV = Terminal Value	GJ	Detailprognose				TV
		1. PJ	2. PJ	3. PJ	4. PJ	
PASSIVA	**07**	08	09	10	11	
A. Eigenkapital	**25,863**	**27,638**	**30,325**	**34,644**	**37,996**	**42,750**

Gezeichnetes Kapital	12,000	12,000	12,000	12,000	12,000	12,000
Kapitalrücklage	6,500	6,500	6,500	6,500	6,500	6,500
Gewinnrücklage	4,940	7,039	9,432	12,788	16,142	19,000
Bilanzgewinn	2,423	2,099	2,393	3,356	3,354	5,250
B. Rückstellungen	**3,475**	**3,569**	**3,442**	**3,170**	**3,354**	**3,460**
Rückstellungen	3,475	3,569	3,442	3,170	3,354	3,460
C. Verbindlichkeiten	**95,460**	**97,459**	**96,598**	**97,468**	**95,749**	**91,940**
langfristige Verbindlichkeiten	56,007	59,145	58,807	58,771	56,821	54,340
kurzfristige Verbindlichkeiten	39,453	38,314	37,792	38,697	38,928	37,600
D. Rechnungsabgrenzungsposten	**245**	**231**	**40**	**275**	**220**	**100**
PRAP	245	231	40	275	220	100
Bilanzsumme	**125,042**	**128,897**	**130,405**	**135,556**	**137,319**	**138,250**

Die EK-Quote beträgt 20% und liegt damit im Durchschnitt (siehe hierzu IfM Bonn). Langfristige Zielsetzung ist eine 30%-ige EK-Quote.

Plan-GEWINN- UND VERLUSTRECHNUNG in 2007

in Mio. €, PJ = Planjahr, TV = Terminal Value	**GJ**		Detailprognose			TV
		1. PJ	2. PJ	3. PJ	4. PJ	
	07	08	09	10	11	
Umsatzerlöse	**152,320**	**156,890**	**164,060**	**177,430**	**185,730**	**194,930**
- Produktgruppe I	90,210	95,210	97,620	102,310	101,910	95,540
- Produktgruppe II	62,110	61,680	58,940	57,250	57,150	50,100
- Produktgruppe III	0	0	7,500	17,870	26,670	49,290
Umsatzkosten	109,840	114,843	116,845	122,618	131,029	135,750
Bruttoergebnis vom Umsatz	**42,480**	**42,047**	**47,215**	**54,812**	**54,701**	**59,180**
Vertriebskosten	18,780	19,970	21,870	23,600	23,080	24,100
allgemeine Verwaltungskosten	12,650	12,551	14,585	16,201	16,458	15,355
Sonstige ~~Erträge~~/Aufwendungen	530	460	1,210	1,840	1,790	1,100
Betriebsergebnis (EBIT)	**10,520**	**9,065**	**9,549**	**13,170**	**13,372**	**18,625**
Zinsaufwendungen	3,920	4,140	4,116	4,114	3,977	3,780
Zinserträge	323	1,072	1,404	532	188	225
Finanzergebnis	**3,597**	**3,068**	**2,712**	**3,582**	**3,789**	**3,555**
Ergebnis vor Steuern	**6,923**	**5,997**	**6,837**	**9,588**	**9,583**	**15,070**
Ertragssteuern	2,077	1,799	2,051	2,877	2,875	4,521
Jahresüberschuss/-fehlbetrag	**4,846**	**4,198**	**4,786**	**6,712**	**6,708**	**10,549**

Die Zinsdeckungsquote beträgt in 2007 2,7 und soll in 5 Jahren auf 5 gesteigert werden. Die Hansbaum AG wird in 2007 mit BBB geratet. Der Return on Capital (ROC) ist in 2007 8,4% mit Zielsetzung im Terminal Value von 13,5%.

Die Ermittlung des Bilanzgewinns erfolgt nach teilweiser Gewinnverwendung. Dabei werden satzungsgemäß 50% in die Gewinnrücklagen einbezahlt und 50% an die Eigentümer ausgeschüttet:

Ermittlung Bilanzgewinn (nach teilweiser Gewinnverwendung) in 2007

in Mio. €, PJ = Planjahr, TV = Terminal Value	GJ	Detailprognose				TV
		1. PJ	2. PJ	3. PJ	4. PJ	
	07	08	09	10	11	
Jahresüberschuss/-fehlbetrag	4,846	4,198	4,786	6,712	6,708	10,500
Gewinn-/Verlustvortrag	0	0	0	0	0	0
Entnahmen	0	0	0	0	0	0
Zwischensumme	4,846	4,198	4,786	6,712	6,708	10,500
Einstellung in Gewinnrücklagen (50%)	2,423	2,099	2,393	3,356	3,354	5,250
= Bilanzgewinn (Ausschüttung)	**2,423**	**2,099**	**2,393**	**3,356**	**3,354**	**5,250**
- Ausschüttung (100% Bilanzgewinn)	2,423	2,099	2,393	3,356	3,354	5,250
Verlustvortrag	0	0	0	0	0	0

Die Kapitalflussrechnung weist folgende Positionen aus:

Plan-KAPITALFLUSSRECHNUNG in 2007

in MIO €, PJ = Planjahr, TV = Terminal Value	GJ	Detailprognose				TV
		1. PJ	2. PJ	3. PJ	4. PJ	
	07	08	09	10	11	
Jahresüberschuss/-fehlbetrag	4,846	4,198	4,786	6,712	6,708	10,549
Summe AfA	5,186	7,206	5,594	6,380	6,135	6,750
Δ Rückstellung	94	94	-127	-272	184	106
Brutto Cashflow	**10,126**	**11,498**	**10,253**	**12,820**	**13,027**	**17,405**
Δ Working Capital	**1,523**	**-1,943**	**-844**	**-425**	**1,248**	**323**
- Vorräte	-334	-566	112	-1,656	476	204
- Forderungen	-612	-238	-434	326	540	1,446
- kurzfristige Verbindlichkeiten	-577	-1,139	-522	905	231	-1,328
CF aus laufender Geschäftstätigkeit	**11,649**	**9,555**	**9,408**	**12,395**	**14,275**	**17,727**
Investitionen ins SAV	4,265	8,500	5,750	5,950	7,050	5,050
Investitionen ins FAV	125	289	231	-1,495	1,200	0
Investitionen in ImV	2,560	1,860	1,950	2,325	2,300	1,700
CF aus Investitionstätigkeit	**-6,950**	**-10,649**	**-7,931**	**-6,780**	**-10,550**	**-6,750**
FK-Aufnahme	4,500	7,250	3,750	4,043	1,998	1,998
Tilgung	3,894	4,112	4,088	4,086	3,950	3,510
Gewinnausschüttung	2,423	2,099	2,393	3,356	3,354	4,000
CF aus Finanzierungstätigkeit	**-1,816**	**1,039**	**-2,731**	**-3,399**	**-5,306**	**-5,512**
zahlungswirksame Veränderung der Finanzmittelbestände	**2,882**	**-55**	**-1,254**	**2,216**	**-1,582**	**5,465**
Finanzmittelbetand Anfang	120	3,002	2,947	1,694	3,910	
Finanzmittelbestand Ende	**3,002**	**2,947**	**1,694**	**3,910**	**2,328**	**1,900**

Anhang A2.2: Bewertung der Hansbaum AG in 2007 nach dem WACC-Ansatz

Auf Basis dieser Plandaten lassen sich die für die Bewertung nach dem WACC-Ansatz und dem APV-Ansatz wesentlichen Free Cashflows (FCF) wie folgt ableiten:

Ermittlung der Free Cashflows in 2007

in Mio. €, PJ = Planjahr, TV = Terminal Value	GJ	Detailprognose				TV
		1. PJ	2. PJ	3. PJ	4. PJ	
	07	08	09	10	11	
Operatives Ergebnis vor Zinsen und Steuern (EBIT)	10,520	9,065	9,549	13,170	13,372	18,625
- adaptierte Steuern auf das EBIT	3,156	2,720	2,865	3,951	4,012	5,587
= NOPLAT	**7,364**	**6,346**	**6,685**	**9,219**	**9,361**	**13,037**
+ AfA	5,186	7,206	5,594	6,380	6,135	6,750
+ Δ Rückstellungen	94	94	-127	-272	184	106
= (operativer) Brutto Cashflow	**12,644**	**13,646**	**12,152**	**15,327**	**15,680**	**19,893**
- Investitionen ins Anlagevermögen	6,950	10,649	7,931	6,780	10,550	6,750
- Erhöhung (+ Verminderung) Working Capital	-1,523	1,943	844	425	-1,248	-323
= Free Cashflow (FCF)	**4,171**	**4,940**	**5,065**	**8,973**	**3,882**	**12,821**
Tax Shields	**1,176**	**1,242**	**1,235**	**1,234**	**1,193**	**1,134**

Die Tax Shields berechnen sich aus dem Zinsaufwand des Unternehmens multipliziert mit dem Unternehmenssteuersatz. Sowohl der WACC-Ansatz als auch der APV-Ansatz basieren auf den ermittelten Free Cashflows (FCF). Die Diskontierung dieser erfolgt auf Grundlage folgender Daten:

Ermittlung des Kapitalisierungszinssatzes in 2007

Eigenkapitalkosten		Kommentar:
Eigenkapitalkosten (verschuldet)	**10.0**	auf Basis CAPM
Risikoloser Basiszinssatz	4.75	siehe eigene Berechnungen (Tabelle 3.2, Seite 23)
Marktrisikoprämie	5.00	Annahme
Beta-Faktor EK verschuldet (Equity Beta)	1.05	Annahme (aus Peer Group ableitet)
Marktwert Eigenkapital	60%	Zielkapitalstruktur (Annahme)
Fremdkapitalkosten	**6.00**	
Fremdkapitalkostenzinssatz	6.00	Annahme (vertraglich vereinbarter Fremdkapitalzinssatz)
Marktwert Fremdkapital	40%	Zielkapitalstruktur (Annahme)
Verschuldungsgrad	66.7%	FK/EK

Unternehmenssteuersatz	30.0%	Annahme
Wachstumsrate in %	1.50%	Annahme
WACC	**7.68**	siehe Formel 2.3, Seite 13
WACC TV	6.18	WACC abzüglich Wachstumsrate

Diesen Berechnungen liegen folgende weitere Annahmen zu Grunde:

- es wird von einer wertorientierten, atmenden Finanzierungsstruktur ausgegangen. Dadurch kann der Diskontierungsfaktor über die Jahre als konstant angenommen werden.
- Die Zielkapitalstruktur wird im Rahmen dieser Finanzierungspolitik festgelegt. Es erfolgt die Bestimmung der Zielkapitalstruktur zu Marktwerten.
- Durch die Bestimmung der Zielkapitalstruktur kann das Zirkularitätsproblem (siehe Grundlagenkapitel 2) umgangen werden.
- Die Marktwerte des Fremdkapitals entsprechen den Buchwerten
- Es wird eine Insolvenzwahrscheinlichkeit von 0% angenommen. Dadurch ergeben sich Fremdkapitalkosten von 6,0%, da $k_{FK} = k_{FK}^{V}$ gilt.

Somit ist abschließend die Bewertung der Hansbaum AG anhand des WACC-Ansatzes wie folgt durchzuführen:

Bestimmung des Unternehmenswerts nach dem WACC-Ansatz in 2007

in Mio. €, PJ = Planjahr, TV = Terminal Value	**GJ**	Detailprognose				TV
		1. PJ	2. PJ	3. PJ	4. PJ	
	07	08	09	10	11	
Free Cashflows		4,940	5,065	8,973	3,882	12,821
WACC	7.68	0.93	0.86	0.80	0.74	16.18
WACC TV	6.18					207,456
Gesamtwert Unternehmen	**173,337**	4,588	4,368	7,187	2,888	154,307
(Summe Barwerte der Cashflows)						
Fremdkapital (zinstragend)	56,007					
WERT EK	**117,330**					

Anhang A2.3: Bewertung der Hansbaum AG in 2007 nach dem APV-Ansatz

Die zu diskontierenden Free Cashflows entsprechen jenen aus vorangegangenem Ansatz.

Die Eigenkapitalkosten eines unverschuldeten Unternehmens, welche für den APV- Ansatz wesentlich sind, leiten sich entsprechend der Formel 2.6 auf Seite 15 ab. Damit ergeben sich Eigenkapitalkosten (unverschuldet) von **7,90%**. Die Tax Shields werden mit dem risikolosen Basiszins von 4,75% diskontiert, da diese als sicher angenommen werden (Insolvenzwahrscheinlichkeit = 0%).

Bestimmung des Unternehmenswerts nach dem APV-Ansatz in 2007

in Mio. €, PJ = Planjahr, TV = Terminal Value	GJ	Detailprognose				TV
		1. PJ	2. PJ	3. PJ	4. PJ	
	07	08	09	10	11	
Free Cashflows		4,940	5,065	8,973	3,882	12,821
EK (unverschuldet)	7.90	0.93	0.86	0.80	0.74	15.63
EK (unverschuldet) TV	6.40					200,324
Wertbeitrag	166,726	4,578	4,350	7,143	2,864	147,791
(des unverschuldeten Unternehmens)						
Risikoloser Basiszinssatz	4.75	0.95	0.91	0.87	0.83	21.05
						23,874
Wertbeitrag der Tax Shields	24,205	1,186	1,125	1,074	991	19,829
Gesamtwert Unternehmen	**190,932**					
Fremdkapital (zinstragend)	56,007					
WERT EK	**134,925**					

Anmerkung:

Die sich abweichenden Unternehmenswerte sind das Ergebnis unterschiedlicher Vereinfachungen des Risikozuschlags, der Auswirkungen einer angenommenen Zielkapitalstruktur bzw. der Finanzierungspolitik und deren korrekte Abbildung im Bewertungskalkül (siehe ergänzend hierzu Wagner (2007), S. 125; Ernst, Schneider, Thielen (2008), S. 82f).

Anhang A3: Bewertung der Hansbaum AG in 2008 (Economic Distress)

Anhang A3.1: Ausgangslage und prognostizierte Finanzdaten in 2008

Mit Beginn der Finanz- und Wirtschaftskrise und dem weiteren dramatischen Verlauf dieser haben sich für die Bewertung der Hansbaum AG einige Änderungen ergeben, die zunächst im Folgenden dargestellt werden. Die Planungsrechnung ist auf die veränderten Rahmenbedingungen anzupassen, insbesondere die Umsatzprognose ist zu korrigieren. Es resultiert folgende Planungsrechnung:

Planung Umsatz in 2008

in Mio. € PJ = Planjahr, TV = Terminal Value	**GJ**	Detailprognose		Grobprognose			TV
		1. PJ	2. PJ	3. PJ	4. PJ	5. PJ	
	08	09	10	11	12	13	
Umsatzerlöse	**150,210**	**146,100**	**147,920**	**151,100**	**161,500**	**180,000**	**190,000**
in % zum VJ	-1.39%	-2.74%	1.25%	2.15%	6.88%	11.46%	17.65%
- Produktgruppe I	91,150	87,600	87,250	89,200	89,900	90,500	91,000
- Produktgruppe II	59,060	53,100	50,920	48,600	51,300	52,100	53,000
- Produktgruppe III	0	5,400	9,750	13,300	20,300	37,400	46,000

Planung Umsatz- & Verwaltungskosten in 2008

in Mio. € PJ = Planjahr, TV = Terminal Value	**GJ**	Detailprognose		Grobprognose			TV
		1. PJ	2. PJ	3. PJ	4. PJ	5. PJ	
	08	09	10	11	12	13	
Umsatzkosten	**108,618**	**105,470**	**104,326**	**104,634**	**110,647**	**126,522**	**131,500**
in % zum Umsatz	72.31%	72.19%	70.53%	69.25%	68.51%	70.29%	69.21%
in % zum VJ	-1.11%	-2.90%	-1.08%	0.29%	5.75%	14.35%	3.93%
Verwaltungskosten	**33,611**	**32,445**	**34,235**	**36,463**	**39,025**	**41,555**	**40,900**
in % zum VJ		-3.47%	5.52%	6.51%	7.03%	6.48%	4.80%
Vertriebskosten	19,970	19,250	20,750	22,080	23,850	24,100	24,500
allgemeine Verwaltungskosten	12,581	12,300	12,100	13,458	14,355	15,355	15,400
Sonstige ~~Erträge~~/Aufwendungen	1,060	895	1,385	925	820	2,100	1,000

Planung EBIT in 2008

in Mio. € PJ = Planjahr, TV = Terminal Value	**GJ**	Detailprognose		Grobprognose			TV
		1. PJ	2. PJ	3. PJ	4. PJ	5. PJ	
	08	09	10	11	12	13	
EBIT	**7,980**	**8,185**	**9,359**	**10,003**	**11,827**	**11,923**	**17,600**
EBIT-Marge	5.31%	5.60%	6.33%	6.62%	7.32%	6.62%	9.26%

Bereits die Planungsrechnung zeigt die Erweiterung des Detailprognosehorizonts um ein Jahr und die Aufteilung in eine Detailprognose und eine Grobprognose. Die Einführung der neuen Produktgruppe ist in dem vorherrschenden Umfeld mit zusätzlichem Risiko verbunden. Die Auswirkungen der Finanz- und Wirtschaftskrise sind in der Planungsrechnung zu erkennen. Es ist von einem stagnierenden bis leicht steigenden Umsatz in den ersten Planjahren auszugehen. Im Terminal Value allerdings ist nur eine geringe Reduktion zu konstatieren. Dadurch wird deutlich, dass die Finanz- und Wirtschaftskrise aus planungstechnischer Sicht in 2008 nur Auswirkungen auf die kurz- bis mittelfristige Prognose hat und das ursprüngliche Niveau in Umsatz und EBIT letztlich nur später erreicht wird (Verweis auf Kapitel 3). Darüber hinaus sind Investitionen, Abschreibungen und Finanzierung wie folgt geplant:

Planung Investition, Abschreibungen und Finanzierung in 2008

in Mio €	GJ	Detailprognose		Grobprognose			TV
PJ = Planjahr, TV = Terminal Value		1. PJ	2. PJ	3. PJ	4. PJ	5. PJ	
	08	09	10	11	12	13	
Investitionen							
Immaterielle Vermögenswert	1,959	1,650	1,720	1,725	1,700	2,600	1,700
Finanzanlagevermögen			300		1,000	750	
Sachanlagevermögen	3,667	6,500	5,750	5,850	5,050	6,350	5,050
SUM	**5,626**	**8,150**	**7,770**	**7,575**	**7,750**	**9,700**	**6,750**
Investitionsquote	3.75%	5.58%	5.25%	5.01%	4.80%	5.39%	3.55%
Abschreibungen							
Immaterielle Vermögenswert	1,556	1,875	1,775	1,025	1,150	1,350	1,700
Finanzanlagevermögen	819		500	350		1,000	
Sachanlagevermögen	3,230	4,620	3,530	3,760	4,285	4,185	5,050
SUM	**5,605**	**6,495**	**5,805**	**5,135**	**5,435**	**6,535**	**6,750**
Δ Bestand							
Immaterielle Vermögenswert	403	-225	-55	700	550	1,250	
Finanzanlagevermögen	-819	0	-200	-350	1,000	-250	
Sachanlagevermögen	437	1,880	2,220	2,090	765	2,165	
SUM	**21**	**1,655**	**1,965**	**2,440**	**2,315**	**3,165**	**0**
Lang Verbindlichkeiten							
ANFANGSBESTAND	56,007	55,880	56,549	55,117	55,172	56,849	55,118
+ FK-Aufnahme	5,400	4,600	2,400	3,890	5,630	2,100	1,200
SUM	61,407	60,480	58,949	59,007	60,802	58,949	56,318
./. Tilgung	5,527	3,931	3,832	3,835	3,952	3,832	3,661
ENBESTAND	**55,880**	**56,549**	**55,117**	**55,172**	**56,849**	**55,118**	**52,657**
Zinsen	4,605	4,536	4,421	4,426	4,560	4,421	4,224
Δ Working Capital							
WC	-1,737	-778	514	1,095	-787	-964	350

Es ergibt sich hierdurch folgende Plan-Bilanz und Plan-GuV in 2008:

Plan-BILANZ in 2008

in Mio. €, PJ = Planjahr, TV = Terminal Value	GJ	Detailprognose		Grobprognose			TV
		1. PJ	2. PJ	3. PJ	4. PJ	5. PJ	
AKTIVA	**08**	09	10	11	12	13	
A. Anlagevermögen	**70,926**	**72,581**	**74,546**	**76,986**	**79,301**	**82,466**	**83,750**
Immaterielle Vermögenswerte	18,178	17,953	17,898	18,598	19,148	20,398	20,650
Finanzanlagevermögen	2,631	2,631	2,431	2,081	3,081	2,831	3,650
Sachanlagevermögen	50,117	51,997	54,217	56,307	57,072	59,237	59,450
B. Umlaufvermögen	**53,345**	**51,400**	**50,428**	**50,124**	**52,984**	**50,346**	**51,110**
Vorräte	18,609	18,904	18,679	18,076	17,698	18,390	19,200
Forderungen aus Lieferung und Leistung	31,842	30,420	29,380	28,520	30,520	30,260	30,100
Zahlungsmittel und -äquivalente	2,894	2,076	2,369	3,529	4,766	1,696	1,810

C. Rechnungsabgrenzungsposten	**146**	**149**	**85**	**210**	**300**	**342**	**100**
ARAP	146	149	85	210	300	342	100
Bilanzsumme	**124,417**	**124,130**	**125,059**	**127,320**	**132,585**	**133,154**	**134,960**

in Mio. €, PJ = Planjahr, TV = Terminal Value	GJ	Detailprognose		Grobprognose			TV
		1. PJ	2. PJ	3. PJ	4. PJ	5. PJ	
PASSIVA	**08**	09	10	11	12	13	
A. Eigenkapital	**27,516**	**29,091**	**31,240**	**34,342**	**37,056**	**40,048**	**40,500**
Gezeichnetes Kapital	12,000	12,000	12,000	12,000	12,000	12,000	12,000
Kapitalrücklage	6,500	6,500	6,500	6,500	6,500	6,500	6,500
Gewinnrücklage	6,978	8,784	10,762	13,302	15,929	18,738	17,000
Bilanzgewinn	2,038	1,806	1,978	2,540	2,627	2,809	5,000
B. Rückstellungen	**3,213**	**2,353**	**3,551**	**3,461**	**3,496**	**3,477**	**3,260**
Rückstellungen	3,213	2,353	3,551	3,461	3,496	3,477	3,260
C. Verbindlichkeiten	**93,037**	**91,801**	**89,618**	**89,304**	**91,817**	**89,554**	**91,100**
langfristige Verbindlichkeiten	55,880	56,549	55,117	55,172	56,849	55,118	57,600
kurzfristige Verbindlichkeiten	37,157	35,252	34,501	34,133	34,968	34,436	33,500
D. Rechnungsabgrenzungsposten	**651**	**886**	**650**	**213**	**216**	**75**	**100**
PRAP	651	886	650	213	216	75	100
Bilanzsumme	**124,417**	**124,130**	**125,059**	**127,320**	**132,585**	**133,153**	**134,960**

Plan-GEWINN- UND VERLUSTRECHNUNG in 2008

in Mio. €, PJ = Planjahr, TV = Terminal Value	GJ	Detailprognose		Grobprognose			TV
		1. PJ	2. PJ	3. PJ	4. PJ	5. PJ	
	08	09	10	11	12	13	
Umsatzerlöse	**150,210**	**146,100**	**147,920**	**151,100**	**161,500**	**180,000**	**190,000**
- Produktgruppe I	91,150	87,600	87,250	89,200	89,900	90,500	91,000
- Produktgruppe II	59,060	53,100	50,920	48,600	51,300	52,100	53,000
- Produktgruppe III	0	5,400	9,750	13,300	20,300	37,400	46,000
Umsatzkosten	108,618	105,470	104,326	104,634	110,647	126,522	131,500
Bruttoergebnis vom Umsatz	**41,592**	**40,630**	**43,594**	**46,466**	**50,853**	**53,478**	**58,500**
Vertriebskosten	19,970	19,250	20,750	22,080	23,850	24,100	24,500
allgemeine Verwaltungskosten	12,581	12,300	12,100	13,458	14,355	15,355	15,400
Sonstige ~~Erträge~~/Aufwendungen	1,060	895	1,385	925	820	2,100	1,000
Betriebsergebnis (EBIT)	**7,980**	**8,185**	**9,359**	**10,003**	**11,827**	**11,923**	**17,600**
Zinsaufwendungen	4,605	4,536	4,421	4,426	4,560	4,421	4,224
Zinserträge	2,448	1,512	713	1,680	238	525	200
Finanzergebnis	**2,157**	**3,024**	**3,708**	**2,746**	**4,322**	**3,896**	**4,024**
Ergebnis vor Steuern	**5,823**	**5,161**	**5,651**	**7,258**	**7,505**	**8,027**	**13,576**
Ertragssteuern	1,747	1,548	1,695	2,177	2,252	2,408	4,073
Jahresüberschuss/-fehlbetrag	**4,076**	**3,613**	**3,956**	**5,080**	**5,254**	**5,619**	**9,503**

Die Zinsdeckungsquote beträgt in 2008 1,7. Demnach wird die Hansbaum AG in 2008 (entsprechend einem synthetischen Rating – siehe Anhang B5.1) mit B geratet. Der Jahresüberschuss wird auch in 2008 zu 50% in die Gewinnrücklagen eingestellt und zu 50% ausgeschüttet:

Ermittlung Bilanzgewinn (nach teilweiser Gewinnverwendung) in 2008

in Mio. €, PJ = Planjahr, TV = Terminal Value	GJ	Detailprognose		Grobprognose			TV
		1. PJ	2. PJ	3. PJ	4. PJ	5. PJ	
	08	09	10	11	12	13	
Jahresüberschuss/-fehlbetrag	4,076	3,613	3,956	5,080	5,254	5,619	9,503
Gewinn-/Verlustvortrag	0	0	0	0	0	0	0
Entnahmen	0	0	0	0	0	0	0
Zwischensumme	4,076	3,613	3,956	5,080	5,254	5,619	9,503
Einstellung in Gewinnrücklagen (50%)	2,038	1,806	1,978	2,540	2,627	2,809	4,752
= Bilanzgewinn (Ausschüttung)	**2,038**	**1,806**	**1,978**	**2,540**	**2,627**	**2,809**	**4,752**
- Ausschüttung (100% Bilanzgewinn)	2,038	1,806	1,978	2,540	2,627	2,809	4,752
Verlustvortrag	0	0	0	0	0	0	0

Außerdem zeigt die Plan-Kapitalflussrechnung folgende Positionen:

Plan-KAPITALFLUSSRECHNUNG in 2008

in Mio. €, PJ = Planjahr, TV = Terminal Value	GJ	Detailprognose		Grobprognose			TV
		1. PJ	2. PJ	3. PJ	4. PJ	5. PJ	
	08	09	10	11	12	13	
Jahresüberschuss/-fehlbetrag	**4,076**	**3,613**	**3,956**	**5,080**	**5,254**	**5,619**	**9,503**
Summe AfA	5,605	6,495	5,805	5,135	5,435	6,535	6,750
Δ Rückstellung	-262	-860	1,198	-90	35	-19	-217
Brutto Cashflow	**9,419**	**9,248**	**10,959**	**10,125**	**10,724**	**12,135**	**16,036**
Δ Working Capital	**-1,737**	**-778**	**514**	**1,095**	**-787**	**-964**	**-1,586**
- Vorräte	261	-295	225	604	378	-692	-810
- Forderungen	298	1,422	1,040	860	-2,000	260	160
- kurzfristige Verbindlichkeiten	-2,296	-1,905	-751	-368	835	-532	-936
CF aus laufender Geschäftstätigkeit	**7,682**	**8,469**	**11,472**	**11,220**	**9,936**	**11,171**	**14,451**
Investitionen ins Sachanlagevermögen	3,667	6,500	5,750	5,850	5,050	6,350	6,350
Investitionen ins Finanzanlagevermögen	0	0	300	0	1,000	750	750
Investitionen in immaterielles Vermögen	1,959	1,650	1,720	1,725	1,700	2,600	2,600
CF aus Investitionstätigkeit	**-5,626**	**-8,150**	**-7,770**	**-7,575**	**-7,750**	**-9,700**	**-9,700**
FK-Aufnahme	5,400	4,600	2,400	3,890	5,630	2,100	2,098
Tilgung	5,527	3,931	3,832	3,835	3,952	3,832	3,832
Gewinnausschüttung	2,038	1,806	1,978	2,540	2,627	2,809	4,752
CF aus Finanzierungstätigkeit	**-2,165**	**-1,137**	**-3,409**	**-2,486**	**-949**	**-4,541**	**-6,451**
zahlungswirksame Veränderung der Finanzmittelbestände	**-108**	**-818**	**293**	**1,160**	**1,237**	**-3,070**	**0**
Finanzmittelbetand Anfang	3,002	2,894	2,076	2,369	3,529	4,766	
Finanzmittelbestand Ende	**2,894**	**2,076**	**2,369**	**3,529**	**4,766**	**1,696**	**1,810**

Anhang A3.2: Bewertung der Hansbaum AG in 2008 nach dem WACC-Ansatz

Auf Basis der zuvor dargelegten Plandaten ergeben sich folgende Free Cashflows:

Ermittlung der Free Cashflows in 2008

		1	2	3	4	5	
in Mio. €, PJ = Planjahr, TV = Terminal Value	**GJ**	Detailprognose		Grobprognose			TV
		1. PJ	2. PJ	3. PJ	4. PJ	5. PJ	
	08	09	10	11	12	13	
Operatives Ergebnis vor Zinsen und Steuern (EBIT)	7,980	8,185	9,359	10,003	11,827	11,923	17,600
- adaptierte Steuern auf das EBIT	2,394	2,455	2,808	3,001	3,548	3,577	5,280
= NOPLAT	**5,586**	**5,729**	**6,551**	**7,002**	**8,279**	**8,346**	**12,320**
+ AfA	5,605	6,495	5,805	5,135	5,435	6,535	6,750
+ Δ Rückstellungen	-262	-860	1,198	-90	35	-19	-217
= (operativer) Brutto Cashflow	**10,929**	**11,364**	**13,554**	**12,047**	**13,749**	**14,862**	**18,853**
- Investitionen ins Anlagevermögen	5,626	8,150	7,770	7,575	7,750	9,700	6,750
- Erhöhung (+ Verminderung) Working Capital	-1,737	-778	514	1,095	-787	-964	350
= Free Cashflow (FCF)	**3,567**	**2,436**	**6,298**	**5,567**	**5,212**	**4,198**	**12,453**
Tax Shields	**1,382**	**1,361**	**1,326**	**1,328**	**1,368**	**1,326**	**1,267**

Bei der Bestimmung der Diskontierungszinssätze haben zunächst die allgemeinen Annahmen weiterhin Gültigkeit:

- es wird von einer wertorientierten, atmenden Finanzierungsstruktur ausgegangen. Dadurch kann der Diskontierungsfaktor über die Jahre als konstant angenommen werden.
- Die Zielkapitalstruktur wird im Rahmen dieser Finanzierungspolitik festgelegt. Es erfolgt die Bestimmung der Zielkapitalstruktur zu Marktwerten. Durch die Bestimmung der Zielkapitalstruktur kann das Zirkularitätsproblem (siehe Grundlagenkapitel 2) umgangen werden.
- Die Marktwerte des Fremdkapitals entsprechend den Buchwerten (Diese vereinfachende Annahme ist im Zuge der Finanz- und Wirtschaftskrise kritisch zu sehen. Es wird jedoch der Einfachheit halber auf weitere Ausführungen verzichtet. Alternativ kann der Marktwert des Fremdkapitals unter Berücksichtigung der vertraglich vereinbarten Fremdkapitalzinssätze sowie den am Markt vorherrschenden Marktzinssätzen durch Diskontie-

rung der den Fremdkapitalgebern zufließenden Cashflows ermittelt werden).

Im Zuge der Krise und entsprechend den Darstellungen in Kapitel 3.2 ist der Diskontierungsfaktor den gegebenen Umständen anzupassen. Die Wachstumsrate im Terminal Value wird reduziert und wird in 2008 0,5% angenommen. Die Veränderung sowie die Erweiterung mit dem Debt-Beta zeigt folgende Übersicht:

Ermittlung des Kapitalisierungszinssatzes in 2008

Eigenkapitalkosten	2007	2008	Kommentar:
Eigenkapitalkosten (verschuldet)	10.0	**7.5**	auf Basis CAPM
Risikoloser Basiszinssatz	4.75	4.25	siehe eigene Berechnung (Tabelle 3.2, S. 23)
Marktrisikoprämie	5.00	5.50	Annahme
Beta-Faktor EK versch. (Equity Beta)	1.05	1.10	Annahme (aus Peer Group ableitet)
Beta-Faktor EK versch. (Equity Beta) - neu		0.59	(Inkl. Debt-Beta, siehe Formel 3.3 auf S. 29)
Marktwert Eigenkapital	60%	60%	Zielkapitalstruktur
Beta-Faktor FK (Debt-Beta)	-	0.91	= Credit Spread / Marktrisikoprämie
Credit Spread	-	5.00	siehe entsprechend Rating in Anhang B5.1
Fremdkapitalkosten	6.00	**9.25**	
Fremdkapitalkostensatz	6.00	9.25	= Risikoloser Basiszinssatz + Credit Spread
Marktwert Fremdkapital	40%	40%	Buchwert = Marktwert
Verschuldungsgrad	66.7%	66.7%	FK/EK
Unternehmenssteuersatz	30.0%	30.0%	Annahme
Wachstumsrate in %	1.5%	0.5%	Annahme
WACC	7.68	**7.10**	siehe Formel 2.3, Seite 13
WACC TV	6.18	6.60	WACC abzüglich Wachstumsrate

Wesentlichen Einfluss auf die Höhe des WACC hat die Integration des Debt-Beta, dem Beta-Faktor für das Fremdkapital, durch das die Fremdkapitalgeber einen Teil des operativen Risikos mittragen. Der Beta-Faktor des verschuldeten Unternehmens ist um den Debt-Beta zu ergänzen und ergibt einen angepassten Beta-Faktor von 0,59. Der Debt-Beta ist unter Rückgriff auf den Credit Spread zu ermitteln. Dieser ist der Rating-Tabelle in Anhang B5.1 zu entnehmen und beträgt in diesem Beispiel entsprechend dem Rating der Hansbaum AG von B+ 5.0. Ohne Berücksichtigung des Debt-Beta stiege der Eigenkapitalkostensatz auf 10,85%.

Ebenfalls in 2008 ist der Fremdkapitalkostensatz durch gestiegenes Risiko anzuheben. Außerdem ist dessen Berechnungsgrundlage anzupassen. Dieser ist nun aus dem risikolosen Basiszinssatz + Credit Spread berechnet.

Zusammenfassend sind die Änderungen in 2008 gegenüber 2007 einerseits die Erweiterung und Aufteilung der Detailprognose in eine Detail- und Grobprognose sowie die Anpassung der Planung im kurz- und mittelfristen Bereich. Andererseits ist der Diskontierungszinssatz durch die veränderten Rahmenbedingungen anzupassen: der risikolose Basiszinssatz ist zu senken, die Marktrisikoprämie anzuheben, der Debt-Beta in die Ermittlung der Eigenkapitalkosten zu integrieren und das Fremdkapital und folglich die Tax Shields nicht mehr als sicher anzunehmen. Daraus ergibt sich folglich außerdem auch die Tatsache, dass die Tax Shields nicht mehr mit dem risikolosen Basiszinssatz abzudiskontieren sind sondern mit dem Fremdkapitalkostensatz (Verweis auf Kapitel 3). Daraus ergibt sich nun folgende Bewertung der Hansbaum AG in 2008 nach dem WACC-Ansatz:

Bestimmung des Unternehmenswerts nach dem WACC-Ansatz in 2008

in Mio. €, PJ = Planjahr, TV = Terminal Value	GJ	Detailprognose		Grobprognose			TV
		1. PJ	2. PJ	3. PJ	4. PJ	5. PJ	
	08	09	10	11	12	13	
Free Cashflows		2,436	6,298	5,567	5,212	4,198	12,453
WACC	7.10	0.93	0.87	0.81	0.76	0.71	15.15
WACC TV	6.60						188,682
Gesamtwert Unternehmen	**153,138**	2,275	5,491	4,532	3,961	2,979	133,901
(Summe Barwerte der Cashflows)							
Fremdkapital (zinstragend)	55,880						
WERT EK	**97,258**						

Anhang A3.3: Bewertung der Hansbaum AG in 2008 nach dem APV-Ansatz

Die zu diskontierenden Free Cashflows sind identisch zu jenen im vorangegangenen Ansatz ermittelten. Die Eigenkapitalkosten eines unverschuldeten Unternehmens leiten sich entsprechend der Formel 2.6 auf Seite 15 ab. Damit ergeben sich Eigenkapitalkosten (unverschuldet) von **8,21%.**

Bestimmung des Unternehmenswerts nach dem APV-Ansatz in 2008

in Mio. €, PJ = Planjahr, TV = Terminal Value	GJ	Detailprognose		Grobprognose			TV
		1. PJ	2. PJ	3. PJ	4. PJ	5. PJ	
	08	09	10	11	12	13	
Free Cashflows		2,436	6,298	5,567	5,212	4,198	12,453
EK (unverschuldet)	8.21	0.92	0.85	0.79	0.73	0.67	12.97
EK (unverschuldet) TV	7.71						161,518

Wertbeitrag (des unverschuldeten Unternehmens)	127,518	2,251	5,379	4,394	3,801	2,830	108,864
Fremdkapitalkostensatz	9.25	0.92	0.84	0.77	0.70	0.64	10.81 7,810
Wertbeitrag der Tax Shields	7,170	480	389	390	459	434	5,018
Gesamtwert Unternehmen	**134,688**						
Fremdkapital	55,880						
WERT EK	**78,808**						

(Bezüglich des Wertunterschieds zwischen WACC-Ansatz und APV-Ansatz siehe Anmerkung in Anhang A2.3 auf Seite 86). Wesentlicher Werttreiber der Verringerung des Unternehmenswerts im Vergleich zum Vorjahr ist neben den geringeren Free Cashflows in der Detail- und Grobplanungsphase der reduzierte WACC aufgrund der Berücksichtigung des Debt-Beta.

Anhang A4: Bewertung der Hansbaum AG in 2009 (Financial Distress)

Anhang A4.1: Ausgangslage und prognostizierte Finanzdaten in 2009

Die Hansbaum AG sieht sich im Zuge der Finanz- und Wirtschaftskrise einem dramatischen Einbruch in den Umsätzen gegenüber. Dadurch rutscht sie in eine existenzbedrohte finanzielle Notlage. Dies wird beispielsweise anhand der Darstellung des EBIT nachfolgend deutlich:

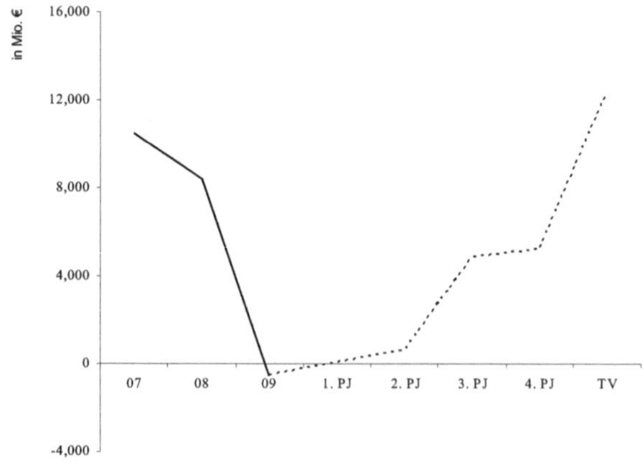

Besonders schwer ins Gewicht fällt die wenig erfolgreiche Einführung der dritten Produktgruppe. Die Finanz- und Wirtschaftskrise hat außerdem zu einem strukturellen Umdenken in der Branche geführt und zukünftige Produktentwicklungen in Frage gestellt. Die Hansbaum AG versucht der wirtschaftlichen Entwicklung u.a. mit Kostensenkungsprogrammen entgegen zu wirken. Die Planungsmodule sind nachfolgend dargestellt. Es wird von einer moderat positiven Entwicklung ausgegangen, bei dem der Turnaround gelingt:

Planung Umsatz in 2009

in Mio. € PJ = Planjahr, TV = Terminal Value	GJ	Detailprognose				TV
		1. PJ	2. PJ	3. PJ	4. PJ	
	2009	10	11	12	13	
Umsatzerlöse	**113,792**	**113,505**	**116,375**	**128,150**	**142,150**	**160,500**
in % zum VJ	-0.24	-0.25%	2.53%	10.12%	10.92%	12.91%
- Produktgruppe I	71,132	71,250	72,180	74,200	78,550	82,000
- Produktgruppe II	40,980	39,780	40,220	42,600	49,300	52,100
- Produktgruppe III	1,680	2,475	3,975	11,350	14,300	26,400

Planung Umsatz- & Verwaltungskosten in 2009

in Mio. € PJ = Planjahr, TV = Terminal Value	GJ	Detailprognose				TV
		1. PJ	2. PJ	3. PJ	4. PJ	
	09	10	11	12	13	
Umsatzkosten	**82,413**	**83,696**	**85,806**	**92,351**	**102,310**	**113,955**
in % zum Umsatz	72.42%	73.74%	73.73%	72.06%	71.97%	71.00%
in % zum VJ	-0.23916	1.56%	2.52%	7.63%	10.78%	11.38%
Verwaltungskosten	**31,895**	**29,750**	**29,935**	**30,905**	**32,610**	**34,200**
in % zum VJ		-6.73%	0.62%	3.24%	5.52%	4.88%
Vertriebskosten	18,950	17,980	18,340	18,830	20,360	22,100
allgemeine Verwaltungskosten	12,050	11,260	10,980	11,150	11,150	11,000
Sonstige ~~Erträge~~/Aufwendungen	895	510	615	925	1,100	1,100

Planung EBIT in 2009

in MIO € PJ = Planjahr, TV = Terminal Value	GJ	Detailprognose				TV
		1. PJ	2. PJ	3. PJ	4. PJ	
	09	10	11	12	13	
EBIT	**-516**	**59**	**634**	**4,894**	**7,231**	**12,345**
EBIT-Marge	-0.45%	0.05%	0.54%	3.82%	5.09%	7.69%

In der finanziellen Notlage, in der sich die Hansbaum AG befindet, ist ebenfalls die Investitions- und Finanzierungspolitik anzupassen. Die Investitionen sind zu kürzen. Dadurch sinkt die Investitionsquote in diesem Geschäftsjahr auf unter 2%.

In den kommenden zwei Planjahren wird von einer Investitionsquote von 2,1% bzw. 2,5% geplant. Zusätzlich ist weiteres Fremdkapital (zu höheren Refinanzierungskosten) aufzunehmen:

Planung Investitionen, Abschreibungen & Finanzierung in 2009

in Mio. €, PJ = Planjahr, TV = Terminal Value	GJ	Detailprognose				TV
		1. PJ	2. PJ	3. PJ	4. PJ	
	09	10	11	12	13	
Investitionen						
Immaterielle Vermögenswert	559	450	720	725	900	1,400
Finanzanlagevermögen	60	30	20	40	45	50
Sachanlagevermögen	1,540	2,000	2,250	3,550	4,050	4,050
SUM	**2,159**	**2,480**	**2,990**	**4,315**	**4,995**	**5,500**
Abschreibungen						
Immaterielle Vermögenswert	1,556	1,875	1,775	1,025	1,150	1,350
Finanzanlagevermögen						
Sachanlagevermögen	3,530	3,120	3,530	3,760	4,285	4,000
SUM	**5,086**	**4,995**	**5,305**	**4,785**	**5,435**	**5,350**
Δ Bestand						
Immaterielle Vermögenswert	-997	-1,425	-1,055	-300	-250	50
Finanzanlagevermögen	60	30	20	40	45	50
Sachanlagevermögen	-1,990	-1,120	-1,280	-210	-235	50
SUM	**-2,927**	**-2,515**	**-2,315**	**-470**	**-440**	**150**
Lang Verbindlichkeiten						
ANFANGSBESTAND	56,007	59,379	59,259	57,745	56,796	55,442
FK-Aufnahme	7,500	4,000	2,500	3,000	2,500	4,000
SUM	63,507	63,379	61,759	60,745	59,296	59,442
Tilgung	4,128	4,120	4,014	3,948	3,854	3,864
ENBESTAND	**59,379**	**59,259**	**57,745**	**56,796**	**55,442**	**55,578**
Zinsen	3,763	3,883	3,782	3,719	3,720	3,721
Δ Working Capital						
WC	-366	16	1,125	658	531	350

Plan-BILANZ in 2009

in Mio. €, PJ = Planjahr, TV = Terminal Value	GJ	Detailprognose				TV
		1. PJ	2. PJ	3. PJ	4. PJ	
AKTIVA	**09**	10	11	12	13	
A. Anlagevermögen	**67,999**	**65,484**	**63,169**	**62,699**	**62,259**	**73,000**
Immaterielle Vermögenswerte	17,181	15,756	14,701	14,401	14,151	20,000
Finanzanlagevermögen	2,691	2,721	2,741	2,781	2,826	3,000
Sachanlagevermögen	48,127	47,007	45,727	45,517	45,282	50,000
B. Umlaufvermögen	**51,067**	**48,686**	**48,658**	**51,299**	**58,700**	**55,220**
Vorräte	18,120	17,604	17,579	17,976	19,524	20,320
Forderungen aus Lieferung und Leistung	30,042	29,420	30,380	31,020	33,520	31,600
Zahlungsmittel und -äquivalente	2,905	1,662	699	2,304	5,656	3,300

C. Rechnungsabgrenzungsposten	**207**	**312**	**125**	**250**	**185**	**100**
ARAP	207	312	125	250	185	100
Bilanzsumme	**119,273**	**114,482**	**111,952**	**114,248**	**121,144**	**128,320**

in Mio. €, PJ = Planjahr, TV = Terminal Value	GJ	Detailprognose				TV
		1. PJ	2. PJ	3. PJ	4. PJ	
PASSIVA	**09**	10	11	12	13	
A. Eigenkapital	**21,422**	**17,828**	**14,939**	**16,364**	**20,100**	**28,920**
Gezeichnetes Kapital	12,000	12,000	12,000	12,000	12,000	12,000
Kapitalrücklage	6,500	6,500	6,500	6,500	6,500	6,500
Gewinnrücklage	6,991	6,991	6,991	6,991	6,991	7,320
Bilanzgewinn/-verlust	-4,069	-7,663	-10,552	-9,127	-5,391	3,100
B. Rückstellungen	**3,510**	**3,450**	**3,450**	**3,450**	**3,450**	**3,450**
Rückstellungen	3,510	3,450	3,450	3,450	3,450	3,450
C. Verbindlichkeiten	**93,881**	**92,639**	**93,185**	**93,931**	**97,156**	**95,850**
langfristige Verbindlichkeiten	59,379	59,259	57,745	56,796	55,442	54,850
kurzfristige Verbindlichkeiten	34,502	33,380	35,440	37,135	41,714	41,000
D. Rechnungsabgrenzungsposten	**460**	**565**	**378**	**503**	**438**	**100**
PRAP	460	565	378	503	438	100
Bilanzsumme	**119,273**	**114,482**	**111,952**	**114,248**	**121,144**	**128,320**

Die EK-Quote sinkt auf unter 14% in 2009, die Zinsdeckungsquote liegt unter 0.

Plan-GEWINN- UND VERLUSTRECHNUNG in 2009

in Mio. €, PJ = Planjahr, TV = Terminal Value	GJ	Detailprognose				TV
		1. PJ	2. PJ	3. PJ	4. PJ	
	09	10	11	12	13	
Umsatzerlöse	**113,792**	**113,505**	**116,375**	**128,150**	**142,150**	**160,500**
- Produktgruppe I	71,132	71,250	72,180	74,200	78,550	82,000
- Produktgruppe II	40,980	39,780	40,220	42,600	49,300	52,100
- Produktgruppe III	1,680	2,475	3,975	11,350	14,300	26,400
Umsatzkosten	82,413	83,696	85,806	92,351	102,310	113,955
Bruttoergebnis vom Umsatz	**31,379**	**29,809**	**30,569**	**35,799**	**39,841**	**46,545**
Vertriebskosten	18,950	17,980	18,340	18,830	20,360	22,100
allgemeine Verwaltungskosten	12,050	11,260	10,980	11,150	11,150	11,000
Sonstige ~~Erträge~~/Aufwendungen	895	510	615	925	1,100	1,100
Betriebsergebnis (EBIT)	**-516**	**59**	**634**	**4,894**	**7,231**	**12,345**
Zinsaufwendungen	3,763	3,883	3,782	3,719	3,720	3,721
Zinserträge	209	230	260	250	225	225
Finanzergebnis	**-3,554**	**-3,653**	**-3,523**	**-3,469**	**-3,495**	**-3,496**
Ergebnis vor Steuern	**-4,069**	**-3,594**	**-2,889**	**1,425**	**3,735**	**8,849**
Ertragssteuern	0	0	0	0	0	2,655
Jahresüberschuss/-fehlbetrag	**-4,069**	**-3,594**	**-2,889**	**1,425**	**3,735**	**6,194**

Die Gewinnverwendung stellt sich wie folgt dar:

Ermittlung Bilanzgewinn (nach teilweiser Gewinnverwendung) in 2009

in MIO €, PJ = Planjahr, TV = Terminal Value	GJ	Detailprognose				TV
		1. PJ	2. PJ	3. PJ	4. PJ	
	09	10	11	12	13	
Jahresüberschuss/-fehlbetrag	-4,069	-3,594	-2,889	1,425	3,735	6,200
Gewinn-/Verlustvortrag	0	-4,069	-7,663	-10,552	-9,127	0
Entnahmen	0	0	0	0	0	0
Zwischensumme	-4,069	-7,663	-10,552	-9,127	-5,391	6,200
Einstellung in Gewinnrücklagen (50%)	0	0	0	0	0	3,100
= Bilanzgewinn/-verlust (Ausschüttung)	**-4,069**	**-7,663**	**-10,552**	**-9,127**	**-5,391**	**3,100**
- Ausschüttung (100% Bilanzgewinn)	0	0	0	0	0	3,100
Verlustvortrag	-4,069	-7,663	-10,552	-9,127	-5,391	0

Es erfolgt in den Planjahren der Detailprognose keine Ausschüttung. Ebenfalls ist zu erwähnen, dass eine Kapitaleinlage der Eigentümer nicht erfolgt. Der Bilanzverlust wird nicht mit den Gewinn- und Kapitalrücklagen aus Gründen der Übersicht verrechnet.

Plan-KAPITALFLUSSRECHNUNG in 2009

in MIO €, PJ = Planjahr, TV = Terminal Value	GJ	Detailprognose				TV
		1. PJ	2. PJ	3. PJ	4. PJ	
Passiva	**09**	10	11	12	13	
Jahresüberschuss/-fehlbetrag	**-4,069**	**-3,594**	**-2,889**	**1,425**	**3,735**	**6,194**
Summe AfA	5,086	4,995	5,305	4,785	5,435	5,350
Δ Rückstellung	297	-60	0	0	0	0
Brutto Cashflow	**1,314**	**1,341**	**2,416**	**6,210**	**9,170**	**11,544**
Δ Working Capital	**-366**	**16**	**1,125**	**658**	**531**	**350**
- Vorräte	489	516	25	-396	-1,549	-796
- Forderungen	1,800	622	-960	-640	-2,500	1,920
- kurzfristige Verbindlichkeiten	-2,655	-1,122	2,060	1,695	4,580	-714
CF aus laufender Geschäftstätigkeit	**947**	**1,357**	**3,541**	**6,869**	**9,702**	**11,894**
Investitionen ins Sachanlagevermögen	1,540	2,000	2,250	3,550	4,050	4,050
Investitionen ins Finanzanlagevermögen	60	30	20	40	45	50
Investitionen in immaterielles Vermögen	559	450	720	725	900	1,400
CF aus Investitionstätigkeit	**-2,159**	**-2,480**	**-2,990**	**-4,315**	**-4,995**	**-5,500**
FK-Aufnahme	7,500	4,000	2,500	3,000	2,500	3,000
Tilgung	4,128	4,120	4,014	3,948	3,854	3,864
Gewinnausschüttung	0	0	0	0	0	3,100
CF aus Finanzierungstätigkeit	**3,372**	**-120**	**-1,514**	**-948**	**-1,354**	**-3,964**
zahlungswirksame Veränderung der Finanzmittelbestände	**2,161**	**-1,243**	**-964**	**1,605**	**3,352**	**3,430**
Finanzmittelbetand Anfang	744	2,905	1,662	699	2,304	
Finanzmittelbestand Ende	**2,905**	**1,662**	**699**	**2,304**	**5,656**	

Anhang A4.2: Bewertung der Hansbaum AG in 2009 (Financial Distress) nach dem Ansatz nach Homburg, Stephan, Weiß (2004)

Dem Ansatz von Homburg, Stephan, Weiß liegen zunächst folgende zentrale Ausgangsdaten zum Kapitalisierungszinssatz zu Grunde:

- Die Insolvenzwahrscheinlichkeit liegt bei ca. 20% (Diese wird aus einem synthetischen Rating basierend auf der Zinsdeckungsquote und zugehörigem Rating – siehe Tabelle 4.2. auf Seite 38 – abgeleitet.)
- Der durchschnittlich vertraglich vereinbarte Fremdkapitalzinssatz, welcher hauptsächlich aus den vergangenen historischen Jahresabschlüssen ermittelt wird, ist durch erhöhte Refinanzierungskosten auf 9,75% gestiegen.

Zentrales Element in dem Ansatz nach Homburg, Stephan, Weiß ist die Unterscheidung zwischen vertraglich vereinbartem Zinssatz k_{FK}^{V} und dem Fremdkapitalkostensatz k_{FK}. Dieser lässt sich nach folgender Formel berechnen:

$$k_{FK} = IW \times (-1) + (1 - IW) \times k_{FK}^{V}$$

Durch einsetzen der oben genannten Ausgangsdaten erhält man theoretisch folgenden Fremdkapitalkostensatz:

$$\begin{aligned} k_{FK} &= 20\% \times (-1) + (1 - 20\%) \times 9{,}75\% \\ &= -12{,}20\% \end{aligned}$$

Der ermittelte Fremdkapitalkostensatz ist sinnfrei und für weitere Berechnungen unbrauchbar. Das ist darin begründet, dass der vertraglich vereinbarte Fremdkapitalzinssatz das in 2009 eingetretene hohe Insolvenzrisiko implizit nicht berücksichtigt, da dieser auf den Daten der Vergangenheit beruht. Der Fremdkapitalkostensatz ist jedoch der Kostensatz, der die erwartete (zukünftige) Renditeforderung der Fremdkapitalgeber unter Berücksichtigung einer Insolvenzwahrscheinlichkeit abbildet und aufzeigt, was die Fremdkapitalgeber im Mittel erhalten (Verweis zur weiteren Begründung auf Kapitel 5.4, S. 67-69). Um einen durchschnittlichen Fremdkapitalkostensatz von 8% anzusetzen, wäre der vertraglich vereinbarte Fremdkapitalzinssatz gemäß oben gezeigter Formel auf 35% festzulegen.

Damit ist der Ansatz von Homburg, Stephan, Weiß nicht geeignet, Unternehmen im Financial Distress zu bewerten, die a) eine hohe Ausfallwahrscheinlichkeit bzw. Insolvenzwahrscheinlichkeit aufweisen und b) deren vertraglich vereinbarte

Fremdkapitalzinssatz auf historischen Werten beruht und das aktuelle bzw. zukünftige Insolvenzrisiko nicht in dem Fremdkapitalzinssatz berücksichtigt ist.

Der Ansatz ist dafür geeignet das allgemeine Ausfallrisiko von Fremdkapital zu berücksichtigen und eine Überbewertung des Unternehmens bei Vernachlässigung zu vermeiden. Der Ansatz ist dafür ausgelegt, Insolvenzwahrscheinlichkeiten von kleiner 10 % zu betrachten, welche Unternehmen im Investment Grade-Bereich aufweisen.

Anhang A4.3: Bewertung der Hansbaum AG in 2009 (Financial Distress) nach dem Ansatz von Damodaran „Dealing with Distress Separately“ (2006)

Der Ansatz von Damodaran „Dealing with Distress Separately“ baut auf folgendem konzeptionellen Fundament auf (Verweis auf Kapitel 5.2.3):

$$\text{Firm Value} = \text{Going Concern Value} \times (1 - \pi_{\text{Distress}}) + \text{Distress Sale Value} \times \pi_{\text{Distress}}$$

Danach führt dieser Ansatz den positiven Fall des erfolgreichen Turnarounds sowie den negativen Fall der Insolvenz zusammen. Es ist zunächst der optimistische Fall der Erholung des Unternehmens und somit der Unternehmenswert unter der Annahme der Unternehmensfortführung (Going Concern) zu bestimmen. Anschließend wird ein möglicher Liquidationswert ermittelt. Anhand der Insolvenzwahrscheinlichkeit werden letztlich beide Szenarien gewichtet und den Unternehmenswert berechnet.

Auf den Ausführungen der Ausgangslage in 2009 sowie der Planungsrechnung für die kommenden Jahre (Anhang A4.1) ist der Free Cashflow wie folgt zu bestimmen:

Bestimmung der Free Cashflows auf Basis der Going-Concern Annahme

in Mio €, PJ = Planjahr, TV = Terminal Value	**GJ**	Detailprognose				TV
		1. PJ	2. PJ	3. PJ	4. PJ	
	09	10	11	12	13	
Operatives Ergebnis vor Zinsen und Steuern (EBIT)	-516	59	634	4,894	7,231	12,345
- adaptierte Steuern auf das EBIT	0	18	190	1,468	2,169	3,704
= NOPLAT	**-516**	**41**	**444**	**3,426**	**5,061**	**8,642**

+ AfA	5,086	4,995	5,305	4,785	5,435	5,350
+ Δ Rückstellungen	297	-60	0	0	0	0
= (operativer) Brutto Cashflow	**4,867**	**4,976**	**5,749**	**8,211**	**10,496**	**13,992**
- Investitionen ins Anlagevermögen	2,159	2,480	2,990	4,315	4,995	5,500
- Erhöhung (+ Verminderung) Working Capital	-366	16	1,125	658	531	350
= Free Cashflow (FCF)	**3,074**	**2,480**	**1,634**	**3,237**	**4,970**	**8,142**
Tax Shields	**0**	**0**	**0**	**0**	**0**	**796**

Die Tax Shields sind null, da in der Phase der Detailprognose keine Steuern (aufgrund des Verlustvortrags) zu bezahlen sind. Weiterhin liegen der Bewertung nachfolgende Diskontierungsfaktoren zu Grunde. Danach unterscheidet Damodaran den Diskontierungsfaktor für die Phase der Detailplanung und den für den Terminal Value. Der unternehmensindividuelle Beta-Faktor hat sich im Zuge der Finanz- und Wirtschaftskrise erhöht. Aufgrund der angenommenen Erholung ist dieser im Terminal Value jedoch wieder nach unten anzupassen. Ebenso ist die Zielkapitalstruktur sowie der Fremdkapitalkostensatz entsprechend im Terminal Value zu korrigieren:

Ermittlung des Kapitalisierungszinssatzes in 2009

Eigenkapitalkosten	Detailprognose	TV	Kommentar:
Eigenkapitalkosten (verschuldet)	**10.9**	**10.0**	aus CAPM abgeleitet
Risikoloser Basiszinssatz	4.25	4.25	konstant (Annahme)
Marktrisikoprämie	5.50	5.50	konstant (Annahme)
Beta-Faktor EK verschuldet (EQUITY BETA)	1.20	1.05	Neubewertung des Risikos (Annahme)
Marktwert Eigenkapital	50%	60%	Zielkapitalstruktur
Fremdkapitalkosten	**12.25**	**5.35**	
Fremdkapitalkostenzinssatz	12.25	5.35	Risikoloser Basiszinssatz + Credit Spread
Credit Spread	8.00	1.10	siehe entsprechend Rating in Anhang B5.1
Marktwert Fremdkapital	50%	40%	Zielkapitalstruktur
Verschuldungsgrad	100.0%	66.7%	Erholung wird angenommen
Unternehmenssteuersatz	30.0%	30.0%	konstant
Wachstumsrate		0.50%	
WACC	**9.71**	**7.51**	siehe Formel 2.3, Seite 13
WACC TV		7.01	WACC abzüglich Wachstumsrate

Der WACC ist in der Detailprognosephase hoch und spiegelt dadurch den Zustand des Financial Distress (jedoch unter der Annahme einer Erholung) das erhöhte Risiko wider. Im Terminal Value unter der Annahme der positiven Fortführung des Unternehmens relativiert sich der WACC auf ein vergleichbares Niveau zu 2007 bzw. 2008. Außerdem ist in der Phase der Detailprognose die Zielkapitalstruktur anzupassen und auf einen Verschuldungsgrad von 100% zu erhöhen (EK 50% / FK 50%). In diesem Ansatz berücksichtigt Damodaran den Debt-Beta nicht und ist somit auch nicht Bestandteil des WACC in 2009 bzw. Terminal Value. Außerdem wird seinem Ansatz nach auch das Fremdkapital zu Marktwerten auf Grundlage folgender Daten ermittelt:

Zinszahlungen in 09:	3,765 Mio €
WACC:	9.71%
Buchwert Fremdkapital:	59,379 Mio €
Betrachtungszeitraum :	5 Jahre

$$FK_{MW} = \text{Zinszahlungen} \times \frac{1 - \frac{1}{(1+WACC)^n}}{WACC} + \frac{\text{Buchwert FK}}{(1+WACC)^n}$$

$$= 3.765 \times \frac{1 - \frac{1}{(1+0{,}0971)^5}}{0{,}0971} + \frac{59.379}{(1+0{,}0971)^5} = 51.733$$

Unter diesen Bedingungen ergibt sich unter der Annahme der Unternehmensfortführung folgende Bewertung für die Hansbaum AG in 2009 (Financial Distress).

Bewertung nach dem WACC-Ansatz in 2009 (unter Annahme der Unternehmensfortführung)

in Mio. €, PJ = Planjahr, TV = Terminal Value	GJ	Detailprognose				TV
		1. PJ	2. PJ	3. PJ	4. PJ	
	09	10	11	12	13	
Free Cashflows		2,480	1,634	3,237	4,970	8,142
WACC (Detailphase)	9.17	0.91	0.83	0.76	0.69	14.26
WACC TV	7.01					116,092
Wertbeitrag	**89,627**	2,261	1,358	2,452	3,430	80,126
(des unverschuldeten Unternehmens)						
Fremdkapital (zinstragend)	51,733					
WERT EK	**37,894**					

Im negativen Fall steht die Liquidation des Unternehmens. Dazu sind in Kapitel 5.2.3 drei Alternativen aufgezeigt. Grundsätzlich ist die marktorientierte Bestimmung anzuwenden. Hierzu ist auf Grundlage folgender Daten der Liquidationswert zu ermitteln:

Durchschnittlicher EBIT 07-09:	6,417 Mio. €
WACC:	9.71%
Unternehmenssteuersatz:	30%

$$\text{Wert Vermögenswerte} = \frac{\text{EBIT} \times (1 - s_U)}{\text{WACC}}$$
$$= \frac{6.417 \times (1 - 30\%)}{9{,}71\%} = 46.247$$

Abzüglich dem Marktwert des Fremdkapitals ergibt sich somit ein negativer Liquidationswert von -5.485 Mio €. Es wird jedoch ein Liquidationswert von null angenommen (der umfangreiche Kundenstamm und Produkt-Know How wird positiv bewertet).

Die dritte Komponente in diesem Ansatz ist die Bestimmung der kumulierten Ausfallwahrscheinlichkeit des Unternehmens. Entsprechend dem Rating der Hansbaum AG kann unter Rückgriff auf die Tabelle 4.2 auf Seite 39 die Ausfallwahrscheinlichkeit abgeleitet werden. In 09 wird die Hansbaum AG mit C geratet und besitzt damit empirischen Beobachtungen zufolge eine (über fünf Jahre kumulierte) Ausfallwahrscheinlichkeit von 48%. Schließlich sind beide Zukunftsszenarien unter Beachtung der Insolvenzwahrscheinlichkeit zusammenzuführen:

$$\text{Firm Value} = \text{Going Concern Value} \times (1 - \pi_{\text{Distress}}) + \text{Distress Sale Value} \times \pi_{\text{Distress}}$$
$$= 37.894 \times (1 - 48\%) + 0 \times 48\%$$
$$= 19.705$$

Damit beträgt der Unternehmenswert in 2009 ca. 20 Mio. € und weist damit im Vergleich zu 09 einen Wertverlust im Financial Distress von über 80% auf.

Anhang A4.4: Erweiterung der Bewertung der Hansbaum AG in 2009 (Financial Distress) mittels Simulationstechnik

Die nachfolgende Erweiterung der Bewertung der Hansbaum AG in 2009 im Financial Distress mittels der Monte-Carlo-Simulationstechnik basiert auf stark vereinfachenden Annahmen. Insbesondere die Wahrscheinlichkeitsverteilung der einzelnen Parameter im Geschäftsmodell, die eine Insolvenz auslösende Bestimmungsgröße und deren Wertgrenze sowie die Liquidationserlöse in der Detailprognose beruhen auf sehr einfachen Annahmen.

Die Simulation wird mit einer Testversion der Software „@Risk für Excel – Version 5.7.0“ des Software Developers Palisade durchgeführt, welche als Add-In für Microsoft Excel 2003 funktioniert. Die Simulation umfasst 10.000 Iterationen.

Zunächst ist das grundlegende Geschäftsmodell der Hansbaum AG abzubilden und in die Planungsrechnung zu überführen. Die im Zuge des Financial Distress ergriffenen Maßnahmen zum Turnaround sind nicht explizit aufgelistet und modelliert. Sie sind vereinfachend in der Umsatz- und Kostenprojektion berücksichtigt. Unter Berücksichtigung der Abbildung 5.6 auf Seite 62 sind zunächst die Werttreiber zu bestimmen.

Planung Werttreiber in 2009

in Mio. € PJ = Planjahr, TV = Terminal Value	**GJ**	Detailprognose				TV
		1. PJ	2. PJ	3. PJ	4. PJ	
	2009	10	11	12	13	
Umsatzerlöse	113,792	113,508	116,379	128,157	142,152	160,503
in % zum VJ		**-0.25%**	**2.53%**	**10.12%**	**10.92%**	**12.91%**
EBIT	-516	-57	628	4,896	7,236	12,343
EBIT-Marge in %	**0.00**	**-0.05%**	**0.54%**	**3.82%**	**5.09%**	**7.69%**
Δ AV	2,162	2,474	2,991	4,319	4,990	5,505
Investitionsquote	**0.02**	**2.18%**	**2.57%**	**3.37%**	**3.51%**	**3.43%**
SUM AfA	5,022	4,999	5,303	4,783	5,435	5,350
Reinvestitionsquote	**0.43**	**0.50**	**0.56**	**0.90**	**0.92**	**1.03**
Δ Working Capital	-366	16	1,135	645	544	396
Vorräte	18,120	17,605	17,585	17,980	19,532	20,320
		15.51%	**15.11%**	**14.03%**	**13.74%**	**12.66%**
Forderungen aus L.u.L.	30,042	29,421	30,375	31,027	33,519	31,603
		25.92%	**26.10%**	**24.21%**	**23.58%**	**19.69%**
kurzfristige Verbind.keiten	34,502	33,383	35,451	37,144	41,731	40,999
		189.62%	**201.60%**	**206.58%**	**213.66%**	**201.77%**

Die fett markierten Werte sind die Werttreiber des Geschäftsmodells, welche simuliert werden. Ihnen wird eine Wahrscheinlichkeitsverteilung zugeordnet. Darüber hinaus sind diese Werttreiber ebenfalls in ihre jeweilige Abhängigkeit bzw. Korrelation zu setzen. In diesem Fallbeispiel sind vereinfachend folgende Korrelationen definiert:

Korrelationen in 1. Planjahr 10

@RISK-Korrelationen	Umsatz in % zum VJ	Vorräte	Forderungen	kurzfristige Verb.keiten	Invest. quote	Reinvest. quote	EBIT-Marge in %
Umsatz in % zum VJ	1,0						
Vorräte	0.54	1,0					
Forderungen	0.54	0	1,0				
kurzfr Verb.keiten	0	0.54	0	1,0			
Investitionsquote	0.27	0	0	0	1,0		
Reinvestitionsquote	0	0	0	0	0	1,0	
EBIT-Marge in %	0.45	0	0	0	0	0.27	1,0

Beispielsweise korrelieren die Forderungen positiv mit dem Umsatz. Je höher dieser ist, desto größer ist demnach der Forderungsbestand. Weiterhin korrelieren die kurzfristigen Verbindlichkeiten mit den Vorräten positiv, d.h. bei steigendem Vorratsbestand steigen ebenfalls in der Regel die kurzfristigen Verbindlichkeiten, da die Vorräte hierdurch finanziert werden. Es werden die gleichen Korrelationen über die Jahre angenommen.

Die in der vorangegangenen Tabelle aufgezeigten Werttreiber und deren Wertausprägungen stellen den genannten Base Case dar, jenes Szenario das am wahrscheinlichsten eintritt. Dieses ist identisch mit der prognostizierten Finanzplanung in Anhang A4.1 (Ausgangssituation der Hansbaum AG im Financial Distress). Demnach wird eine moderat positive Unternehmensentwicklung angenommen.

Auf Grundlage des Base Case sind weiterhin die Randszenarien, der Worst Case und der Best Case, zu definieren und anschließend diese inklusive des Best Case in eine vollständige Wahrscheinlichkeitsverteilung der Werttreiber zu überführen. Die Wahrscheinlichkeitsverteilung erfolgt in diesem Beispiel auf Basis einer Dreiecksverteilung, welche durch einen minimalen und maximalen sowie einen höchstwahrscheinlichen Wert gekennzeichnet ist. Dadurch lässt sich der Worst, Base und Best Case in das Simulationsmodell überführen und modellieren. Weitere Verteilungsfunktionen sind denkbar. Nachfolgend dargestellt sind beispielhaft die Wahrscheinlichkeitsverteilungen der EBIT-Marge in % in 2010 und der Vorräte in % zum Umsatz in 13:

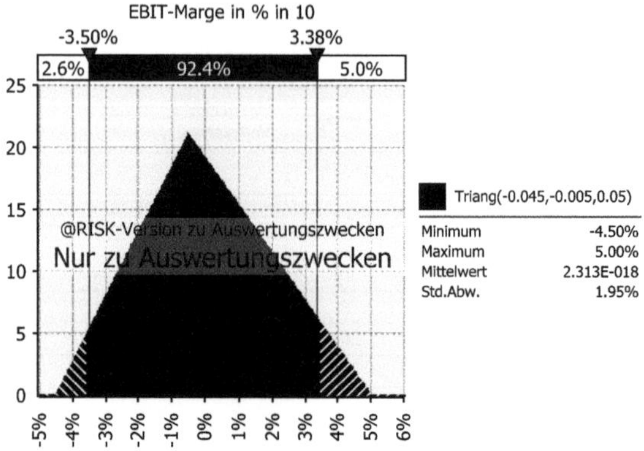

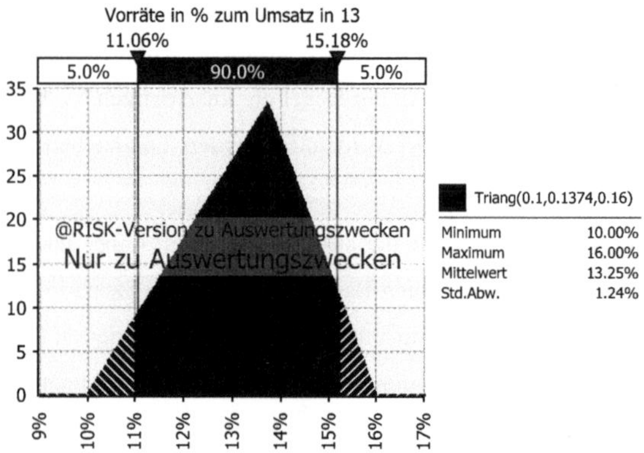

Das dargestellte Geschäftsmodell mit dessen Werttreibern, deren Wahrscheinlichkeitsverteilungen und Korrelationen entspricht dem allgemeinen Aufbau einer Simulationsrechnung (Verweis auf Abbildung 5.6 auf Seite 62). Die Rahmenbedingungen sind nun auf den Financial Distress anzupassen.

Dazu ist einerseits die Bestimmungsgröße zu definieren (Insolvenzauslösetatbestand), anhand welcher eine Insolvenz abgeleitet werden kann. In diesem Fallbeispiel wird insbesondere aus Gründen der Einfachheit und Übersichtlichkeit die Free Cashflows zur wesentlichen und alleinigen Bestimmungsgröße erklärt. Die Free Cashflows stehen für Zins- und Tilgungszahlungen sowie Dividenden den Kapitalgebern (Fremd- und Eigenkapitalgeber) zu. Sind die Free Cashflows negativ, ist das Unternehmen nicht mehr in der Lage, diese Zahlungen zu leisten und kann stark vereinfacht als insolvent betrachtet werden.

Die Problematik der stichtagsbezogenen Beurteilung der Zahlungsunfähigkeit bleibt in diesem Fallbeispiel außen vor (Verweis auf Fußnote 251, S. 66).

Auf Basis des vereinfachten Geschäftsmodells mit den jeweiligen Parametern und der Definition der Insolvenzauslösegröße kann die Simulationsrechnung der Free Cashflows durchgeführt werden. Die Simulationsrechnung gibt beispielsweise für den Free Cashflow im ersten Planjahr 10 folgende Bandbreite an Werten aus. Der Mittelwert liegt bei 2,424 Mio. €.

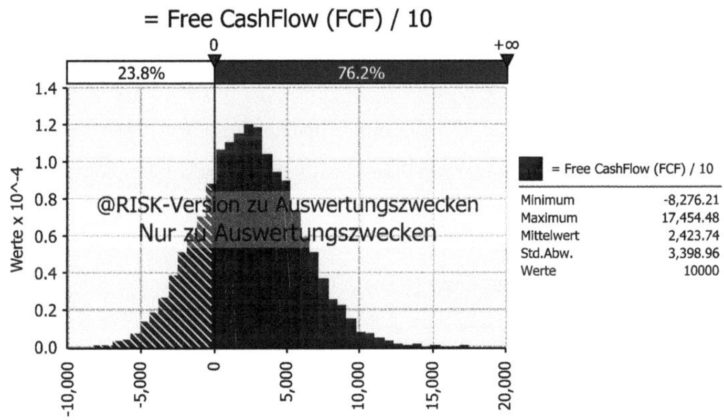

An nachfolgend zweiter grafischer Darstellung der Free Cashflows in 10 lässt sich deutlich ablesen, dass mit einer Wahrscheinlichkeit von 23.8% dieser in 2010 negativ ist und somit das Unternehmen als insolvent zu definieren ist. Dies geht grundsätzlich mit der einjährigen Ausfallrate eines mit C (im Financial Distress) gerateten Unternehmen von ca. 25% einher.

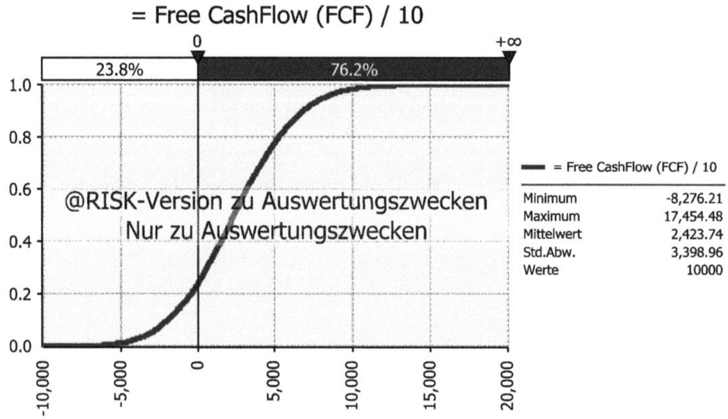

Im Terminal Value dagegen – so die optimistische Prognose – besteht entsprechend nachfolgender Grafik nur noch eine Insolvenzwahrscheinlichkeit von 5.0% (Free Cashflow < 0).

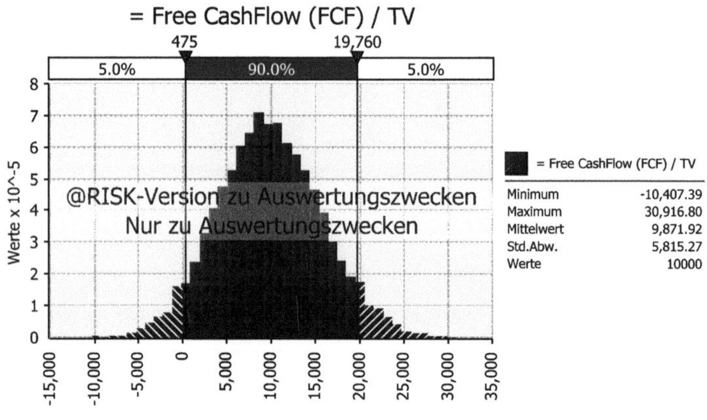

Dadurch wird ebenfalls modelliert, dass die ersten zwei bis drei Jahre entscheidend für den weiteren Fortbestand der Hansbaum AG sind. In den kommenden ersten Jahren zeigt sich, ob die Maßnahmen zum Turnaround Erfolg haben oder nicht. Nachfolgende Grafik zeigt die Bandbreite der Free Cashflows im Zeitablauf:

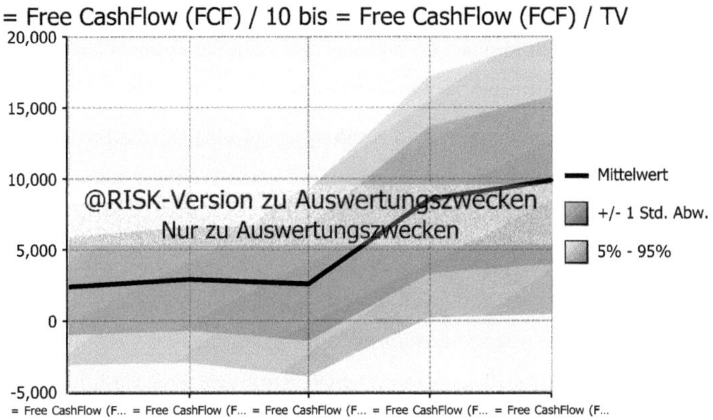

Die Insolvenzwahrscheinlichkeit kann folglich wie zuvor gezeigt anhand den Free Cashflows pro Jahr abgeleitet werden:

- Insolvenzwahrscheinlichkeit in 10: 23.80%
- Insolvenzwahrscheinlichkeit in 11: 21.40%
- Insolvenzwahrscheinlichkeit in 12: 26.00%
- Insolvenzwahrscheinlichkeit in 13: 5.00%
- Insolvenzwahrscheinlichkeit in TV: 5.00%

Daraus ergibt sich eine kumulierte Ausfallwahrscheinlichkeit von ca. 60% über den Bewertungszeitraum von fünf Jahren, welche im Einklang steht mit jenen empirisch ermittelten Ausfallraten in Tabelle 4.2 auf Seite 39.

Neben der Definition der eine Insolvenz auslösende Bestimmungsgröße ist darüber hinaus in einem zweiten Schritt die Folgen einer Insolvenz zu klären. Im Fall der Insolvenz ist in diesem Fallbeispiel das Unternehmen zu liquidieren. Der Liquidationswert wird entsprechend dem Bewertungsbeispiel nach dem Ansatz der separat ausgewiesenen Distress-Kosten im Anhang A4.3 mit $\text{Liquidationswert Vermögenswerte} = \frac{\text{EBIT} \times (1 - s_U)}{\text{WACC}}$ abzüglich dem Fremdkapital (Annahme: konstanter Fremdkapitalbestand) ermittelt. Dabei wird der Durchschnitt der historischen EBITs berücksichtigt, welcher sich entsprechend den Realisationen der Simulationsabläufe berechnet. Im Base Case beispielsweise im ersten Planjahr ergibt sich hieraus ein Liquidationswert von -7.258 (Liquidationswert der Vermögenswerte < Fremdkapital). In den weiteren Planjahren sind im Falle der Insolvenz die bis dahin erzielten Free Cashflows dem Liquidationswert hinzuzurechnen. Diese Summe wird mit dem risikolosen Basiszinssatz auf den Bewertungszeitpunkt diskontiert (Annahme) und stellt somit den Wertansatz bei einer Insolvenz der Hansbaum AG in der Detailprognosephase dar.

Folglich ist gemäß Abbildung 5.7 auf S. 66 in jedem Planjahr die Bestimmungsgröße (Free Cashflow) im Simulationsmodell auf deren Wert und somit die Hansbaum AG auf Insolvenz zu überprüfen. Letztlich ergeben sich hieraus fünf Szenarien für die Bewertung:

- Insolvenz in 10: Ansatz Liquidationswert
- Insolvenz in 11: Ansatz Liquidationswert + vergangene Free Cashflows
- Insolvenz in 12: Ansatz Liquidationswert + vergangene Free Cashflows
- Insolvenz in 13: Ansatz Liquidationswert + vergangene Free Cashflows
- Erreichen des TV: Standardbewertung inklusive Ansatz des Terminal Value

Es wird angenommen, dass die Hansbaum AG bei Erreichen des eingeschwungenen Zustands (Planjahr 5 bzw. Terminal Value) den Turnaround erfolgreich gemeistert hat und das Unternehmen entsprechend mit der Going Concern-Annahme nach dem Standard-DCF-Ansatz bewertet werden kann.

In diesem positiven Fall werden die einzelnen Free Cashflows mit den Kapitalkosten diskontiert, welche denen in Anhang A4.3 entsprechen und vereinfachend in diesem Fallbeispiel nicht modelliert werden. Der WACC beträgt in der Detailprognose 9,71% und im Terminal Value wird ein WACC von 7,01% angenommen (siehe zur Ermittlung Anhang A4.3). Nachfolgende Grafiken zeigen die Wertverteilung des Gesamtunternehmenswerts bei erfolgreicher Sanierung (inklusive Terminal Value):

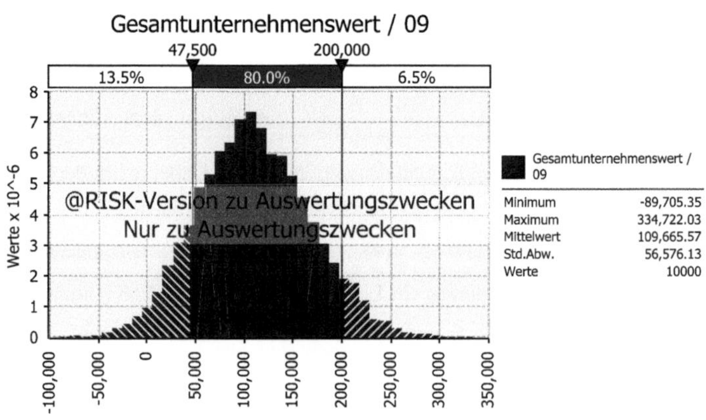

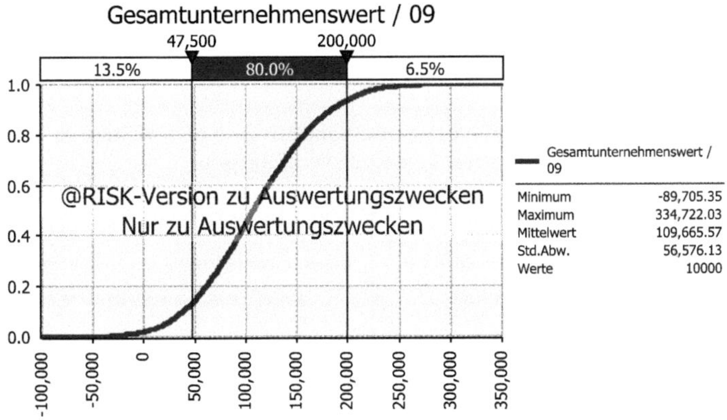

Abschließend ist der finale Unternehmenswert unter Berücksichtigung der Szenarien zu bestimmen. Die folgende Grafik zeigt den ermittelten Unternehmenswert. Der ermittelte Mittelwert kann als mit dem einer einwertigen Bewertung entsprechenden Unternehmenswert interpretiert werden und liegt bei ca. 17 Mio. €. Darüber hinaus zeigt die Grafik die Wahrscheinlichkeit, mit der der Unternehmenswert positiv ist (=ca.34%).

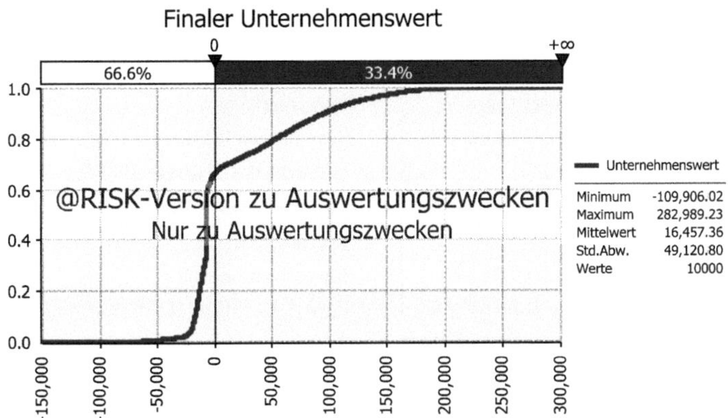

Anhang B: Ergänzende Informationen zu den Kapiteln 2 bis 5

Anhang B2.1: Beispiele für Bewertungsanlässe nach dem Kriterium der Änderung von Eigentumsverhältnissen

Anlässe, die auf eine Änderung der Eigentumsverhältnisse am zu bewertenden Unternehmen ausgerichtet sind	**Anlässe, die nicht auf eine Änderung der Eigentumsverhältnisse am zu bewertenden Unternehmen ausgerichtet sind**
- Kauf oder Verkauf - Börseneinführung - Kapitalerhöhung - Unternehmen als Sacheinlage - Umstrukturierung durch Fusion, Spaltung oder Eingliederung (z.B. §§319 bis327 AktG) - Privatisierung - Eintritt oder Austritt oder Ausscheiden eines Gesellschafters (z.B. §§ 327a bis 327f AktG, 738 BGB) - Entflechtung - Ausgliederungen, Verschmelzungen, Vermögensübertragungen oder Umwandlungen (§§2,123,174 UmwG) - Bar- und andere Abfindungen (§§305, 320 AktG, §§ 12,15 UmwG) - Erbauseinandersetzungen (§§1922 bis 2385 BGB) - Ehescheidungen (§§1564 bis 1587p BGB) - Schadensersatz (§249 BGB) - Enteignung (Art. 14GG) - Nachfolge	- Zuführung von Fremdkapital - „Wertorientierte Vergütung“ des Personals - Verpfändung von Anteilen - „Wertorientiertes Controlling“ - Pretiale Lenkung des Verhaltens von Gesellschaftern über Erfolgsbeteiligung und Abfindungsklauseln - Vertragliche Absicherung des Unternehmenswertes zu Pachtbeginn - Ermittlung von Besteuerungsgrundlagen - Kreditwürdigkeitsprüfungen - Sanierungsprüfung - Insolvenzprüfung - Bewertung im Rahmen der Bilanzierung (z.B. nach EstG, HGB oder IFRS) - Übrige Bewertungen nach gesetzlichen Regelungen, die nicht den Hauptfunktionen zuzuordnen sind
Anlässe, welche die Hauptfunktionen betreffen	**Anlässe, welche die Nebenfunktionen betreffen**

Quelle: Matschke, M. J./Brösel, G. (2005), S. 62.

Anhang B2.2: Darstellung der Haupt- und Nebenfunktionen mit zugehörigen Wertarten

Bewertungsfunktion	Bewertungszweck
Hauptfunktionen:	
Beratung	**Ermittlung von Entscheidungswerten** Die Entscheidungswerte sind als Grenzpreise zu verstehen. Die Bewertung soll hierbei die Grenze der Konzessionsbereitschaft für einen potentiellen Käufer (Preisobergrenze) und für einen potentiellen Verkäufer (Preisuntergrenze) aufzeigen.
Vermittlung	**Ermittlung von Schiedswerten** Der Zweck besteht in der Vermittlung und Einigung über die Konditionen einer Transaktion zwischen Parteien und der Herbeiführung eines fairen und angemessenen Interessenausgleichs.
Argumentation	**Ermittlung von Argumentationswerten** Die Argumentationswerte sollen einer betroffenen Partei geeignete Argumente und Fakten liefern. Beispiele können Verhandlungen über Kauf oder Verkauf von Unternehmen oder in Zusammenhang mit gerichtlichen Auseinandersetzungen sein.
Nebenfunktionen:	
Bilanz	**Ermittlung von Buch- und Bilanzwerten** Die Zwecksetzung liegt, darin unter Beachtung handelsrechtlicher Normen, Informationen über das Unternehmen zu erhalten.
Steuerbemessung	**Ermittlung von Steuerbemessungsgrundlagen** Hierbei dient die Unternehmensbewertung zur Ermittlung der Steuerbemessungsgrundlage für die Steuerfestsetzung unter Beachtung steuerrechtlicher Normen.

Quelle: Mandl, Rabel (1997), S. 16-23.

Anhang B2.3: Übersicht Bewertungsverfahren

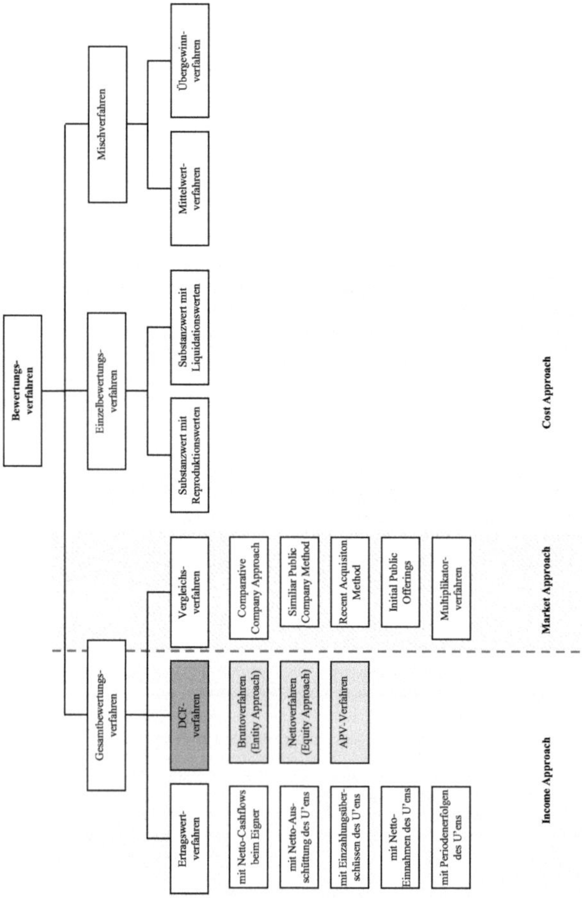

Quelle: Mandl, Rabel (1997), S. 30.

Anhang B2.4: Berechnungsschema der Free-Cashlfows sowie grafische Darstellung der Discounted Cashflow-Methode nach dem WACC-Ansatz

	Operatives Ergebnis vor Zinsen und Steuern (EBIT)
-	Adaptierte Steuern auf das EBIT
=	Operatives Ergebnis vor Zinsen und nach adaptierten Steuern (NOPLAT)
+	Abschreibungen
+	Erhöhung (- Minderung) der Rückstellungen
=	(operativer) Brutto-Cashflow
-	Investitionen in das Anlagevermögen
-	Erhöhung (+ Minderung) des Working Capital
=	**(operativer) Free Cashflow (FCF)**
+	Steuerersparnis aus den Fremdkapitalzinsen
=	**Total Cashflow**

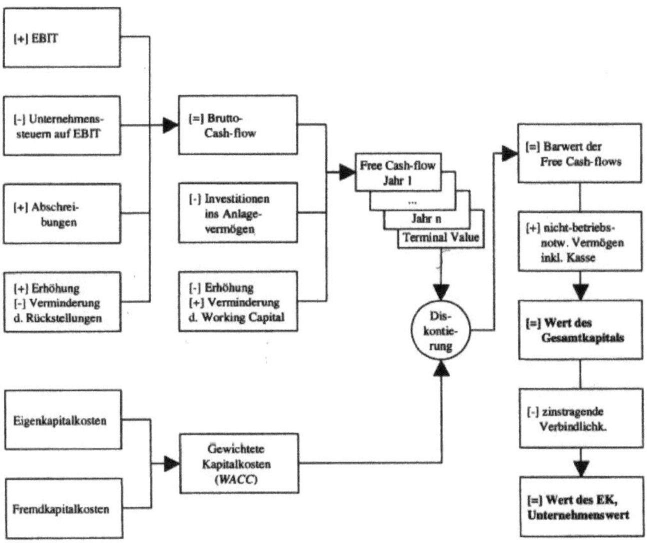

Quelle: Ernst, Schneider, Thielen (2008), S. 30.

Anhang B2.5: Berechnungsschema der Flows to Equity sowie grafische Darstellung der Discounted Cashflow-Methode nach dem Equity-Ansatz

	Operatives Ergebnis vor Zinsen und Steuern (EBIT)
-	Fremdkapitalzinsen
=	Operatives Ergebnis vor Zinsen (EBT)
-	Unternehmenssteuern auf das operative Ergebnis vor Steuern
=	Operatives Ergebnis nach Steuern
+	Abschreibungen
+	Erhöhung (- Minderung) der Rückstellungen
-	Investitionen in das Anlagevermögen
-	Erhöhung (+ Minderung) des Working Capital
-	Tilgung (+ Aufnahme) von verzinslichem Fremdkapital
=	**Flow to Equity (FtE)**

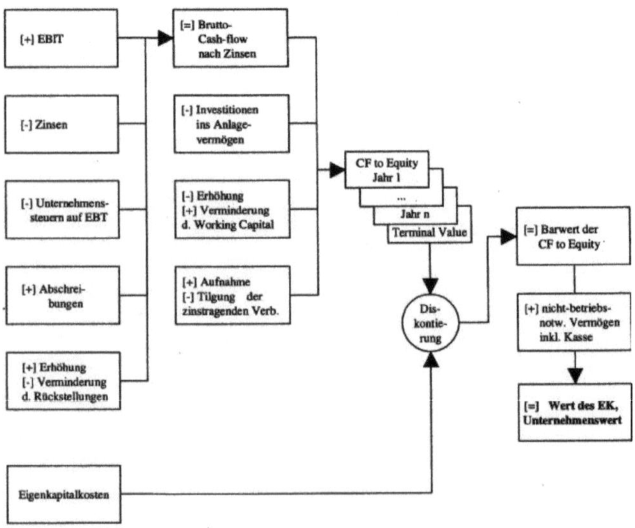

Quelle: Ernst, Schneider, Thielen (2008), S. 32.

Anhang B3.1: Industrieproduktion in Deutschland und den USA von 2007 bis 2010

in % zum VJQ	2007				2008				2009				2010		
	Q1	Q2	Q3	Q4	Q1	Q2	Q3	Q4	Q1	Q2	Q3	Q4	Q1	Q2	Q3
Germany	8.9	6.8	6.4	5.8	5.3	3.3	0.4	-7.7	-21.3	-20.8	-17.2	-9.2	6.9	13.4	11.4
United States	2.7	3.1	2.6	2.3	0.9	-1.8	-4.5	-7.7	-11.7	-12.7	-8.6	-3.8	2.8	7.3	6.7

Quelle: eigene Darstellung, Datenabruf am 02.02.2011 unter IMF Datamapper.

Anhang B3.2: Entwicklung des World Index Standard

Quelle: eigene Darstellung, Datenabruf am 29.10.2010 unter mscibarra.com.

Anhang B3.3: Entwicklung des VDAX

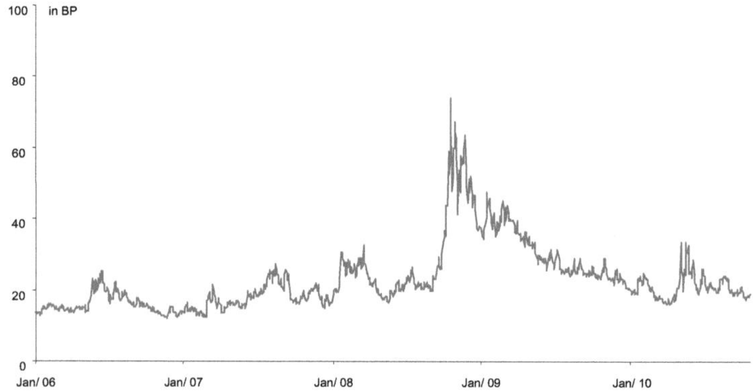

Quelle: eigene Darstellung, Datenabruf am 29.10.2010 unter finance.yahoo.com.

Anhang B3.4: Geschäftsbericht 2009 Daimler AG- 10-Jahres-Übersicht

DAIMLER

Geschäftsbericht 2009 - Daimler AG

Zehnjahresübersicht[1]

	2000	2001	2002	2003	2004	2005	2006	2007	2008	**2009**
Werte in Millionen €										
Aus der Gewinn- und Verlustrechnung										
Umsatz[2]	160.278	150.422	147.408	136.437	142.059	95.209	99.222	101.569	98.469	**78.924**
Personalaufwand[3]	26.500	25.095	24.163	24.287	24.216	24.650	23.574	20.256	15.066	**14.073**
Forschungs- und Entwicklungsleistungen	7.241	5.848	5.942	5.571	5.658	3.928	3.733	4.148	4.442	**4.181**
davon aktiviert	–	–	–	–	–	591	715	990	1.387	**1.285**
Operating Profit/ EBIT1	9.752	(1.346)	6.827	5.686	5.754	2.873	4.992	8.710	2.730	**(1.513)**
Operating Profit/EBIT[1] in % des Umsatzes	6,10%	(0,90%)	4,60%	4,20%	4,10%	3,00%	5,00%	8,60%	2,80%	**(1,90%)**
Ergebnis vor Ertragsteuern und außerordentliches Ergebnis	4.280	(1.703)	6.439	596	3.535	2.426	4.902	9.181	2.795	**(2.298)**
Net Operating Income/ Net Operating Profit1	8.796	332	6.116	1.467	3.165	4.834	4.032	4.123	1.370	**(2.102)**
in % der Net Assets (RONA)	14,80%	0,50%	9,40%	2,50%	5,70%	10,00%	8,30%	10,50%	4,40%	**(6,60%)**
Konzernergebnis	7.894	(593)	5.098	448	2.466	4.215	3.783	3.985	1.414	**(2.644)**
Konzernergebnis je Aktie (€)	7,87	(0,59)	5,06	0,44	2,43	4,09	3,66	3,83	1,41	**(2,63)**
Konzernergebnis je Aktie, verwässert (€)	7,8	(0,59)	5,03	0,44	2,43	4,08	3,64	3,8	1,4	**(2,63)**
Dividendensumme	2.358	1.003	1.519	1.519	1.519	1.527	1.542	1.928	556	**0**
Dividende je Aktie (€)	2,35	1	1,5	1,5	1,5	1,5	1,5	2	0,6	**0**
Dividende und Steuergutschrift[4] je Aktie (€)	3,36	–	–	–	–	–	–	–	–	–
Aus der Bilanz										
Sachanlagen	40.145	41.180	36.285	32.933	34.017	35.295	32.747	14.650	16.087	**15.965**
Vermietete Gegenstände	33.714	36.002	28.243	24.385	26.711	34.236	36.949	19.638	18.672	**18.532**
Sonstige langfristige Vermögenswerte	–	–	–	–	–	76.200	67.507	39.686	42.077	**40.044**
Vorräte	16.283	16.754	15.642	14.948	16.805	19.699	18.396	14.086	16.805	**12.845**
Liquide Mittel	12.510	14.536	12.439	14.296	11.666	8.063	8.409	15.631	6.912	**9.800**
Sonstige kurzfristige Vermögenswerte	–	–	–	–	–	54.519	53.626	31.403	31.672	**31.635**
Bilanzsumme	199.274	207.616	187.527	178.450	182.872	228.012	217.634	135.094	132.225	**128.821**
Eigenkapital	42.422	38.928	35.076	34.486	33.522	35.957	37.346	38.230	32.730	**31.827**
davon: Gezeichnetes Kapital	2.609	2.609	2.633	2.633	2.633	2.647	2.673	2.766	2.768	**3.045**
Eigenkapitalquote Konzern	20,10%	18,30%	17,90%	18,50%	17,50%	15,10%	16,50%	26,90%	24,30%	**24,70%**
Eigenkapitalquote im Industriegeschäft	31,20%	25,70%	24,90%	26,10%	25,20%	23,70%	27,10%	43,70%	42,70%	**42,60%**
Langfristige Schulden	–	–	–	–	–	96.823	90.452	47.998	47.313	**49.456**
Kurzfristige Schulden	–	–	–	–	–	95.232	89.836	48.866	52.182	**47.538**
Nettoliquidität im Industriegeschäft	1.330	(4.768)	380	1.774	2.193	8.016	9.861	12.912	3.106	**7.285**
Net Assets im Durchschnitt	59.496	66.094	65.128	59.572	55.885	48.313	48.584	39.187	31.466	**31.778**
Aus der Kapitalflussrechnung[3]							5,92%	4,18%	3,61%	3,07%
Investitionen in Sachanlagen	10.392	8.896	7.145	6.614	6.386	6.480	5.874	4.247	3.559	**2.423**
Abschreibungen	-	-	-	-	-	7.363	7.169	4.146	3.023	**3.264**
Cash Flow aus der Geschäftstätigkeit[2, 5]	16.017	15.944	15.909	13.826	11.060	11.032	14.337	7.146	(786)	**10.961**
Cash Flow aus der Investitionstätigkeit[2, 5]	(32.709)	(13.287)	(10.839)	(13.608)	(16.682)	(10.237)	(15.857)	26.479	(4.812)	**(8.950)**
Cash Flow aus der Finanzierungstätigkeit	14.512	1.859	(5.490)	2.518	2.549	(1.284)	2.396	(25.204)	(2.915)	**1.057**
Free Cash Flow des Industriegeschäfts	(5.571)	(1.392)	7.271	3.877	1.757	2.423	2.679	7.637	(3.915)	**2.706**
Börsenkennzahlen										
Jahresendkurs										
Frankfurt(€)	44,74	48,35	29,35	37	35,26	43,14	46,8	66,5	26,7	**37,23**
New York (US-$)	41,2	41,67	30,65	46,22	48,05	51,03	61,41	95,63	38,28	**53,3**
Durchschnittl. Anzahl der Aktien (Mio. Stück)	1.003,20	1.003,20	1.008,30	1.012,70	1.012,80	1.014,70	1.022,10	1.037,80	957,7	**1.003,80**
Durchschnittl. Anzahl der Aktien, verwässert (Mio. Stück)	1.013,90	1.003,20	1.013,90	1.012,70	1.014,50	1.017,70	1.027,30	1.047,30	959,9	**1.003,80**
Rating										
Langfristiges Credit Rating										
Standard & Poor's	A	BBB+	BBB+	BBB	BBB	BBB	BBB	BBB+	A-	**BBB+**
Moody's	A2	A3	A3	A3	A3	A3	Baa1	A3	A3	**A3**
Fitch	–	–	–	BBB+	BBB+	BBB+	BBB+	A-	A-	**BBB+**
DBRS	–	–	–	A (low)	A (low)	A (low)	A (low)	A (low)	A (low)	**A (low)**
Beschäftigte im Jahresdurchschnitt (Personen)	449.594	379.544	370.677	370.684	379.019	296.109	277.771	271.704	274.330	**258.628**

1 Werte für die Jahre 2000 bis 2004 nach US-GAAP, ab 2005 nach IFRS.

2 Werte für die Jahre 2007 und 2008 angepasst um die Effekte im Zusammenhang mit der Änderung von IAS 16 und IAS 7 (vgl. Anmerkung 1 d

3 Bis 3. August 2007 einschließlich Chrysler.

4 Für unsere in Deutschland steuerpflichtigen Aktionäre. Aufgrund des Körperschaftsteuer-Systemwechsels entfällt ab 2001 die Steuergutschr

5 Jahre vor 2002 nicht angepasst um die Effekte aus vorratsbezogenen Forderungen aus Finanzdienstleistungen.

Quelle: Daimler AG (2010).

Anhang B3.5: Bestimmung des Basiszinssatzes mithilfe der Svensson-Zinsstrukturkurven

Den folgenden Ausführungen liegen die Arbeiten von Jonas (2005); Ernst, Schneider, Thielen (2008); Wagner (2007), S. 104-107 sowie der Monatsbericht der Deutschen Bundesbank im Oktober 1997 zugrunde.

Der Basiszinssatz wird nach einem marktzinsorientierten Verfahren aus einer aktuell am Markt beobachtbaren Zinsstrukturkurve abgeleitet. Dazu steht mit den Renditen börsennotierter deutscher Staatsanleihen eine breite Datenbasis zur Verfügung (unter der Voraussetzung, dass die Bundesrepublik Deutschland als sicherer Schuldner klassifiziert wird). Jedoch sind Staatsanleihen in der Regel sogenannte Kupon-Anleihen, welche durch einen jährlichen fixen endlichen Zahlungsstrom gekennzeichnet sind. Hingegen sind Zahlungsströme aus Unternehmen grundsätzlich schwankend und zeitlich nicht determiniert. Es werden daher laufzeitspezifische Zinssätze für einzelne Zahlungen, d.h. Zinssätze sogenannter Null-Kupon-Anleihen oder Zerobonds (ohne Kreditausfallrisiko) benötigt, welche jedoch nur selten emittiert werden.

Eine allgemein anerkannte und von der deutschen Bundesbank verwendete Methode zur Ableitung kontinuierlicher Zinsstrukturkurven aus beobachtbaren Renditen von Kupon-Anleihen ist die Schätzmethode nach Svensson. Nach dieser Methode können laufzeitabhängige Zerobond-Renditen ermittelt werden, welche als Funktion in Abhängigkeit von insgesamt sechs Parametern nach folgender Formel definiert sind:

$$z(T,\beta,\tau) = \beta_0 + \beta_1\left(\frac{1-\exp(-T/\tau_1)}{(T/\tau_1)}\right) + \beta_2\left(\frac{1-\exp(-T/\tau_1)}{(T/\tau_1)} - \exp(-T/\tau_1)\right) + \beta_3\left(\frac{1-\exp(-T/\tau_2)}{(T/\tau_2)} - \exp(-T/\tau_2)\right)$$

$z(T,\beta,\tau)$ bezeichnet den Zinssatz für die Laufzeit T in Jahren als Funktion der zu schätzenden Parametervektoren $\beta = [\beta_0, \beta_1, \beta_2, \beta_3]$ und $\tau = [\tau_1, \tau_2]$.

Die Deutsche Bundesbank stellt täglich in der Zeitreihendatenbank unter http://www.bundesbank.de/statistik/statistik_zeitreihenliste.php?pdf=stat_zinsstruktur.pdf&open=zinsen die Schätzung der für die Zinsstruktur notwendigen Parameter zur Verfügung. Entsprechend oben dargestellter Formel lassen sich unter Verwendung genannter Parameter die hypothetische Zerobonds berechnen und die täglichen Zinsstrukturkurven darstellen. Nachfolgende Tabelle zeigt beispielhaft für den Zeitraum 01.10.2010 bis 31.12.2010 die Zinssätze der Zerobonds nach der Svensson-Methode mit Restlaufzeiten von 1 bis 249 Jahren:

Datum	Parameter der Zeitreihendatenbank der Deutschen Bundesbank						Zinssätze in % für Restlaufzeiten in Jahren					
	Beta 0	Beta 1	Beta 2	Beta 3	Tau1	Tau2	1	2	3		248	249
01.10.10	0.875	-0.107	-2.203	8.105	1.943	11.085	0.731	0.869	1.086	...	1.219	1.218
02.10.10	...	...	...	...	...	...	...	...	...	...	...	...
03.10.10	...	...	...	...	...	...	...	...	...	...	...	...
04.10.10	0.819	-0.133	-2.237	8.215	2.102	10.969	0.676	0.818	1.032	...	1.163	1.161
05.10.10	0.828	-0.140	-2.294	8.228	2.139	11.037	0.673	0.810	1.019	...	1.174	1.172
06.10.10	0.842	-0.125	-2.437	8.235	1.995	11.019	0.655	0.781	0.996	...	1.187	1.186
...	...	...	...	...	...	...	...	...	...	...	...	...
20.12.10	1.457	-0.960	-2.324	8.676	1.758	9.647	0.688	1.025	1.403	...	1.771	1.770
21.12.10	1.417	-0.945	-2.291	8.811	1.956	9.440	0.693	1.026	1.392	...	1.727	1.725
22.12.10	1.428	-1.024	-2.244	8.886	2.020	9.314	0.662	1.015	1.392	...	1.735	1.733
23.12.10	1.386	-0.987	-2.667	9.082	2.020	9.155	0.592	0.917	1.287	...	1.692	1.691
24.12.10	...	...	...	...	...	...	...	...	...	...	...	...
25.12.10	...	...	...	...	...	...	...	...	...	...	...	...
26.12.10	...	...	...	...	...	...	...	...	...	...	...	...
27.12.10	1.564	-1.169	-2.650	8.823	1.939	9.062	0.615	0.968	1.361	...	1.857	1.856
28.12.10	1.692	-1.221	-3.193	8.276	1.831	8.836	0.574	0.884	1.265	...	1.954	1.953
29.12.10	1.931	-1.531	-3.384	7.921	1.943	8.331	0.551	0.883	1.276	...	2.159	2.158
30.12.10	1.510	-1.098	-3.151	9.060	2.008	8.757	0.558	0.873	1.251	...	1.796	1.795
31.12.10	...	...	...	...	...	...	...	...	...	...	...	...
Mittelwerte vom 01.10.2010 bis 31.12.2010							**0.731**	**0.943**	**1.218**	**...**	**1.579**	**1.578**

Quelle: eigene Berechnungen.

Aus den täglichen Zinsstrukturkurven werden in einem weiteren Schritt Durchschnittsrenditen (nach Empfehlung des IDW über einen Zeitraum von drei Monaten) ermittelt, um Marktschwankungen auszugleichen.

Nachfolgende Abbildung zeigt letztlich die auf diesem Weg ermittelten Durchschnittswerte der Zinsstrukturkurven mit Restlaufzeiten bis zu 249 Jahren jeweils zum 31.12. der Jahre 2006, 2007, 2008, 2009 und 2010.

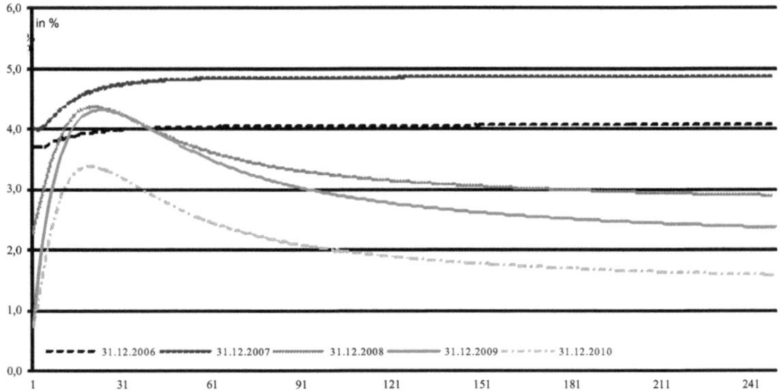

Quelle: eigene Darstellung (auf Grundlagen oben dargestellter Berechnung)

Es können nun die für jedes Planjahr ermittelten finanziellen Überschüsse unter Verwendung des jeweiligen laufzeitspezifischen risikolosen Zinssatzes kapitalisiert werden. Für konstante, stetig wachsende Zahlungsreihen kann aus der Zinsstrukturkurve darüber hinaus auch ein einheitlicher Basiszinssatz abgeleitet werden. Dazu ist eine mit dem fiktiven Wert 101 startende und jährlich mit dem Faktor w=1% wachsende Reihe finanzieller Überschüsse FÜ mit den jeweiligen aus den Zinsstrukturdaten abgeleiteten Spot Rates abzuzinsen. Dieser Barwert kann alternativ über einen einheitlichen Zinssatz r ermittelt werden.

$$BW = \frac{FÜ \times (1+w)}{r - w} \Leftrightarrow r = \frac{(1+w)+(BW \times w)}{BW}$$

Nachfolgend die beispielhafte Berechnung des barwertäquivalenten einheitlichen Basiszinssatzes zum 31.12.2009:

Jahr	1	2	3	...	248	249
Finanzieller Überschuss	101	102.01	103.03	...	1179.51	1191.30
Zinssatz	0.78895	1.32127	1.75809	...	2.37108	2.36956
Barwertfaktor	0.99217	0.97409	0.94906	...	0.00299	0.00293
Barwert 31.12.2009	100.20940	99.36685	97.78163	...	3.52963	3.49532

Summe Barwerte **4754.51**

$$4754.51 = \frac{100 \times (1+1\%)}{r - 1\%} \Leftrightarrow r = 3.12\%$$

Abschließend zeigt nachfolgende Tabelle übersichtlich die einzelnen ermittelten Basiszinssätze zu unterschiedlichen Zeitpunkten:

	249J RLZ	**30J RLZ**	**30J RLZ gerundet**	**einheitlicher Basiszinssatz**
31.12.2006	4.06416	3.98337	4.00	4.00
31.12.2007	4.84988	4.72838	4.75	4.72
31.12.2008	2.88945	4.25196	4.25	3.50
31.12.2009	2.36956	4.25843	4.25	3.12
31.12.2010	1.57779	3.21031	3.25	2.05

Quelle: eigene Berechnungen

Anhang B3.6: Entwicklung der EURIBOR Geldmarktsätze

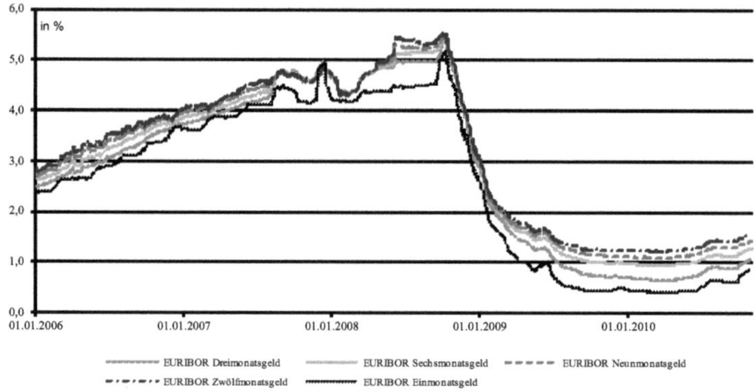

Quelle: eigene Darstellung, Datenabruf am 05.11.2010 unter Bundesbank.de.

Anhang B3.7: Entwicklung von Bundesanleihen mit Laufzeit von 10 bzw. 30 Jahren

Quelle: eigene Darstellung, Datenabruf am 08.11.2010 unter Bundesbank.de.

Anhang B3.8: Entwicklung des Beta0-Faktors

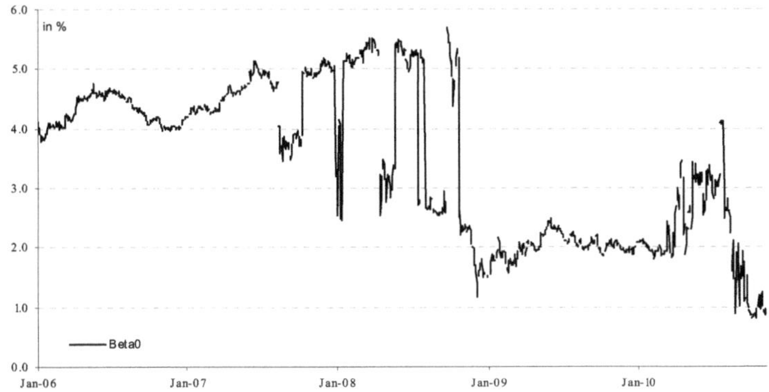

Quelle: eigene Darstellung, Datenabruf am 08.11.2010 unter Bundesbank.de.

Anhang B3.9: Ermittlung von Leveraged Betas im Rahmen des Marktmodells (CAPM)

Die nachfolgenden Ausführungen sowie das Berechnungsschema basieren auf Dörschell, Franken, Schulte (2009), S. 180-198. Die benötigten Daten wurden auf der frei zugänglichen Website Yahoo!-Finanzen (http://de.finance.yahoo.com) abgerufen.

In nachfolgendem Beispiel werden Beta-Faktoren von verschuldeten Unternehmen (Levered) ermittelt. Diese berücksichtigen den Verschuldungsgrad nicht. Levered Beta-Faktoren werden zur Ermittlung der Risikoprämie im Equity- sowie im Entity-Ansatz benötigt, im APV-Ansatz sind hingegen Unlevered Beta-Faktoren (Beta-Faktoren von unverschuldeten Unternehmen) zu berücksichtigen.[270]

Die Berechnung der Beta-Faktoren beruht auf wöchentlichen Renditen bei einem Beobachtungszeitraum von zwei Jahren. Hierdurch ergeben sich je Beobachtungszeitpunkt 104 Datenpunkte. Der Deutsche Aktienindex DAX wird als Referenzindex zur Berechnung herangezogen.

---

270 Vgl. Kapitel 2.3.3 APV-Ansatz, in dem auch die Überleitung von verschuldetem zu unverschuldetem Beta-Faktor dargestellt ist.

Erster Schritt ist die Ermittlung der wöchentlichen Renditen durch die prozentuale Veränderung des Kurses der Aktie bzw. Index zur Vorperiode (ΔVP).

$$\Delta VP = \frac{\text{Periode}}{\text{Vorperiode}} - 1$$

Danach folgt die Ermittlung des Beta-Faktors aus dem Verhältnis der Kovarianz der Kursrenditen der Aktie / Index und Varianz der Index-Rendite

$$\text{Beta - Faktor} = \frac{\text{covar(Aktie, Index)}}{\text{var(Index)}}$$

Zum 08.11.2010 ergibt sich hierdurch beispielsweise für die Automotive-Branche einen Beta-Faktor von 0,93. Zur Berechnung gehen die wöchentlichen Renditen bis zum 10.11.2008 ein (104 Datenpunkte). Nachfolgende Tabelle zeigt die Beta-Faktoren zu unterschiedlichen Beobachtungszeitpunkten:

Datum	**DAX**		**Automotive**			**Banks**		
	Adj Close	**ΔVP**	Adj Close	ΔVP	**Beta**	Adj Close	ΔVP	**Beta**
08/11/2010	6719.84	**-0.51%**	814.02	2.15%	**0.93**	238.05	-2.42%	**1.87**
01/11/2010	6754.2	**2.32%**	796.87	2.66%	**0.95**	243.96	1.05%	**1.87**
25/10/2010	6601.37	**-0.07%**	776.26	0.82%	**1.41**	241.42	-1.23%	**1.57**
18/10/2010	6605.84	**1.75%**	769.92	3.10%	**1.50**	244.42	2.61%	**1.52**
11/10/2010	6492.3	**3.19%**	746.77	3.31%	**1.49**	238.2	0.46%	**1.51**
04/10/2010	6291.67	**1.29%**	722.82	0.73%	**1.24**	237.11	2.55%	**1.57**
27/09/2010	6211.34	**-1.38%**	717.59	-1.85%	**1.24**	231.22	-2.98%	**1.56**
20/09/2010	6298.3	**1.43%**	731.09	3.32%	**1.25**	238.31	-2.16%	**1.57**
13/09/2010	6209.76	**-0.08%**	707.6	2.30%	**1.24**	243.56	-2.91%	**1.57**
06/09/2010	6214.77	**1.31%**	691.67	5.14%	**1.24**	250.86	-3.65%	**1.57**
30/08/2010	6134.62	**3.08%**	657.85	6.84%	**1.23**	260.36	0.37%	**1.57**
23/08/2010	5951.17	**-0.90%**	615.74	-0.91%	**1.23**	259.41	-2.05%	**1.57**
16/08/2010	6005.16	**-1.72%**	621.4	0.56%	**1.23**	264.83	-3.33%	**1.58**
...	...	...	...	...	...	...	...	...
...	...	...	...	...	...	...	...	...
27/02/2006	5721.46	**-2.54%**	495.19	-3.56%	**1.00**	563.39	-3.06%	**1.12**
20/02/2006	5870.79	**1.30%**	513.46	-0.43%	**0.98**	581.16	3.02%	**1.12**
13/02/2006	5795.48	**1.65%**	515.67	1.32%	**0.98**	564.11	2.56%	**1.12**
06/02/2006	5701.47	**0.78%**	508.97	3.23%	**0.99**	550.05	2.41%	**1.11**
30/01/2006	5657.12	**0.17%**	493.06	2.16%	**0.99**	537.11	0.28%	**1.11**
23/01/2006	5647.42	**5.58%**	482.64	7.11%	**0.98**	535.6	5.95%	**1.11**

16/01/2006	5349.02	**-2.45%**	450.6	-4.21%	**0.95**	505.52	-2.78%	**1.11**
09/01/2006	5483.09	**-0.96%**	470.38	1.47%	**0.96**	519.97	2.50%	**1.10**
02/01/2006	5536.32	**2.37%**	463.58	2.28%	**0.98**	507.28	2.43%	**1.12**
26/12/2005	5408.26	**-0.20%**	453.24	0.94%	**0.98**	495.23	-1.36%	**1.12**

Quelle: eigene Berechnungen, Datenabruf am 11.11.2010 unter de.finance.yahoo.com.

Anhang B3.10: Entwicklung von Branchen-Beta-Faktoren

Die zuvor ermittelten Beta-Faktoren können grafisch abgetragen werden und zeigen in den nachfolgenden Abbildungen die Entwicklungen der Beta-Faktoren im Zeitablauf. Die Branchenkategorisierung entspricht derer der Deutschen Börse (sogenannte Dax Sectors).

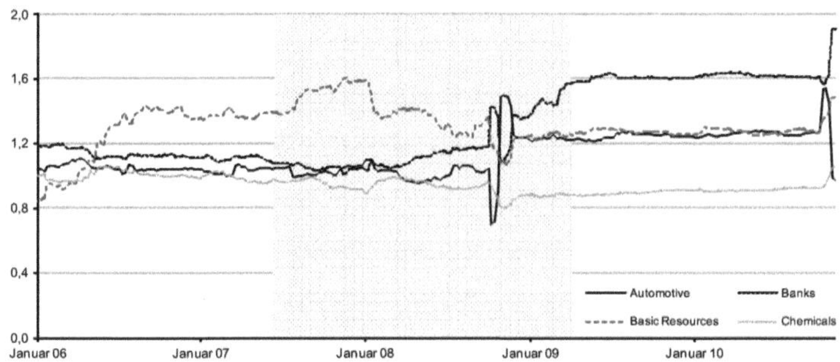

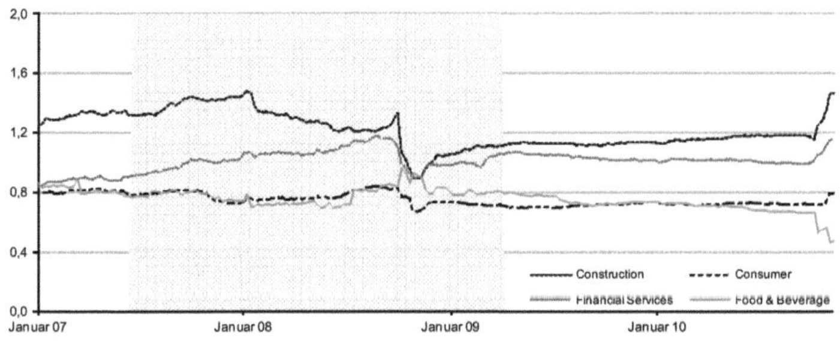

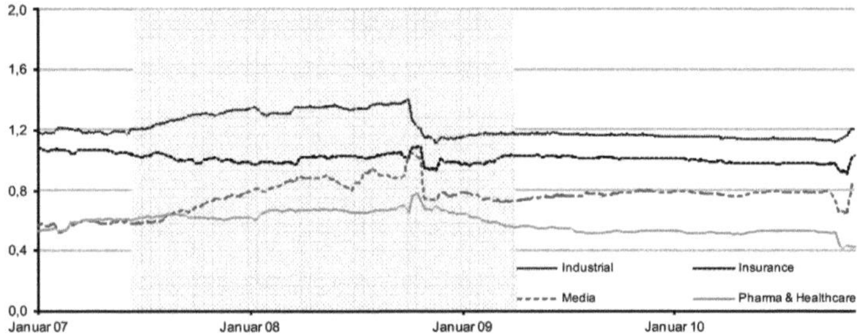
2,0
1,6
1,2
0,8
0,4
0,0
Januar 07
Januar 08
Januar 09
Januar 10
Industrial
Insurance
Media
Pharma & Healthcare

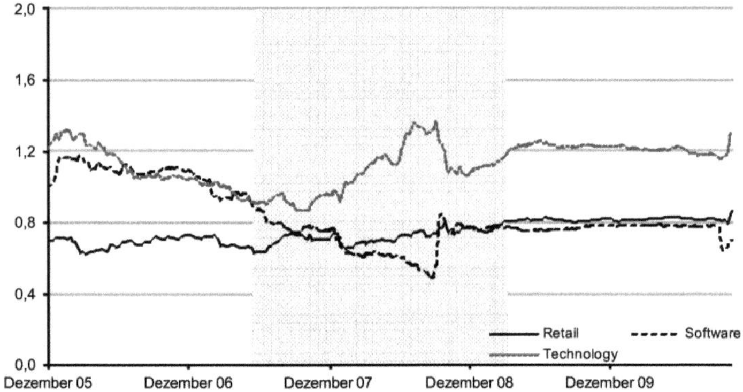
2,0
1,6
1,2
0,8
0,4
0,0
Dezember 05
Dezember 06
Dezember 07
Dezember 08
Dezember 09
Retail
Software
Technology

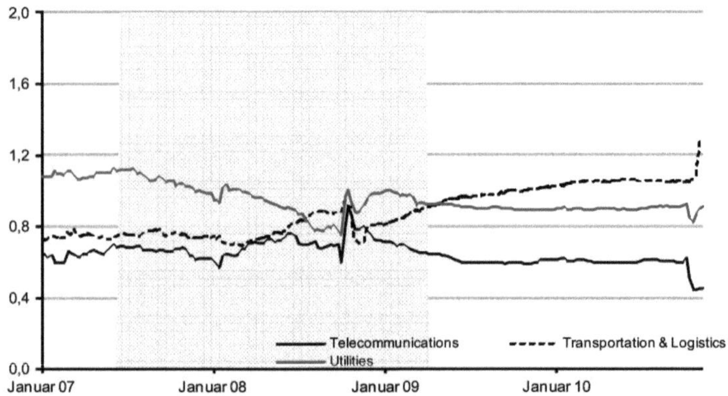
2,0
1,6
1,2
0,8
0,4
0,0
Januar 07
Januar 08
Januar 09
Januar 10
Telecommunications
Transportation & Logistics
Utilities

Anhang B3.11: Risikoeinteilung nach IDW S1 i.d.F. 2008

	Operatives Risiko (aus der betrieblichen Tätigkeit)		Kapitalstrukturrisiko (vom Verschuldungsgrad beeinflusst)
	Marktrisiko	leistungs-wirtschaftliches Risiko	finanzwirtschaftliches Risiko
Systematisch (im CAPM vergütet)	**Betafaktor Unlevered ("Asset Beta")**		**Betafaktor Levered ("Equity Beta")**
Unsystematisch (im CAPM vergütet)	Im CAPM nicht vergüteter Teil des operativen Risikos		Im CAPM nicht vergüteter Teil des Kapitalstrukturrisikos

Quelle: eigene Darstellung in Anlehnung an IDW S1, i.d.F. 2008; Dörschell, Franken, Schulten (2009), S. 13-15.

Anhang B3.12: Überbewertung von Unternehmen bei Nicht-Berücksichtigung von Insolvenzrisiko

Grundlage der nachfolgenden Darstellung ist Tabelle 4.2 in Kapitel 4.3 (Seite 39), in welcher die kumulierten, durchschnittlichen Ausfallraten dargestellt sind.

Geht man vereinfachend von der Formel $UW = \frac{JÜ}{i}$ bei Nicht-Berücksichtigung und der Formel $UW = JÜ \times \frac{1 - AW}{i + AW}$ mit Ausfallwahrscheinlichkeit AW = kumulierte durchschnittliche Ausfallraten bei einer Berücksichtigung von Insolvenzgefahr aus, ergibt sich eine Überbewertung in % entsprechend nachfolgender Tabelle:[271]

		Rating				
		AA	A	BBB	BB	B
einjährige Ausfallrate		**0.02%**	**0.08%**	**0.26%**	**0.97%**	**4.93%**
Kapitalisierungszinssatz	6.0%	0.35%	1.41%	4.61%	17.30%	91.61%
	7.5%	0.29%	1.15%	3.74%	14.04%	74.33%
	9.0%	0.24%	0.97%	3.16%	11.86%	62.80%
fünfjährige Ausfallrate		**0.33%**	**0.72%**	**2.53%**	**9.51%**	**22.30%**
Kapitalisierungszinssatz	6.0%	5.85%	12.81%	45.86%	185.67%	507.04%
	7.5%	4.75%	10.39%	37.20%	150.64%	411.37%
	9.0%	4.01%	8.78%	31.44%	127.28%	347.59%

Anhang B4.1: Klassifikation von Insolvenzprognosemodelle nach Bemmann

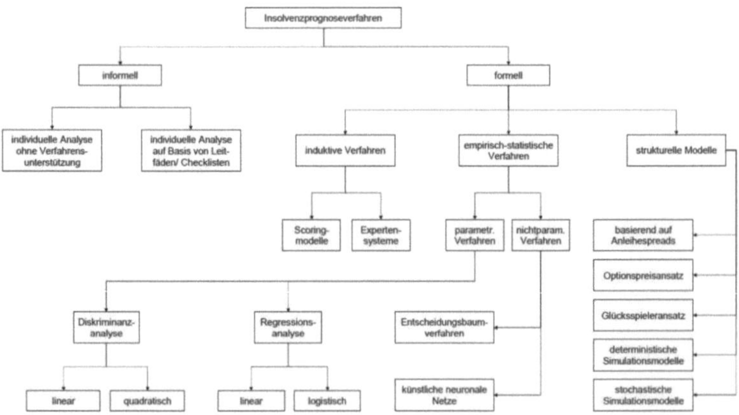

Quelle: Bemmann (2007), S. 6.

Anhang B4.2: Darstellung eines Ratingverfahrens am Beispiel der Postbank AG

Grundlage des Ratings sind zunächst nachfolgende Kriterien:

Quantitative Kriterien	Qualitative Kriterien
Erläuterte Jahresabschlüsse der letzten drei Geschäftsjahre	Brancheninformationen
Gruppen- oder Konzernbilanz der letzten drei Geschäftsjahre	Angaben zu Abhängigkeiten (vom Beschaffungs- und Abnehmermarkt)
Betriebswirtschaftliche Auswertungen, inklusive Summen- und Saldenlisten	Firmenorganigramm und Firmenbroschüre
Mittelfristplanung inklusive Liquiditätsplanung für die kommenden drei bis fünf Jahre	
Investitionsplan	
Daten zur Auftragslage	

Im Folgenden sind die Kriterien im Detail entsprechend ihrer Gewichtung dargestellt:

Quantitative Kriterien (mit 70% innerhalb des Ratings gewichtet)		
Informationsbereich	Gewicht	Kennzahlen
Kapitalbindung	10%	Kapitalbindungsdauer
Verschuldung	38%	Nettoverschuldungsquote, Eigenkapitalquote, Fremdkapitalstruktur
Finanzkraft	9%	Finanzkraft
Rentabilität	25%	EBITDA, ROI, Umsatzrentabilität
Produktivität	11%	Personalaufwandsquote
Wachstum	7%	Umsatzwachstum

Qualitative Kriterien (mit 20% innerhalb des Ratings gewichtet)	
Informationsbereich	Gewicht
Wettbewerbsfähigkeit	25%
Diversifikation	15%
Technologie	15%
Management / Organisation / Eigentümer	25%
Äußere Einflüsse	5%
Bilanzpolitik	15%

Brancheninformationen (mit 10% innerhalb des Ratings gewichtet)

Quelle: Postbank AG (2010).

[271] Vgl. Metz (2007), S. 99-101.

Anhang B4.3: Annahmen von Kruschwitz, Löffler

Annahme 1 (Arbitragefreiheit):	Der Kapitalmarkt ist arbitragefrei.
Annahme 2 (Spanning):	Die Zahlungsströme der zu bewertenden Unternehmen lassen sich durch Kauf beziehungsweise Verkauf von Finanztiteln, die am Kapitalmarkt gehandelt werden, perfekt duplizieren.
Annahme 3 (Identische Brutto–Cashflows):	Die Brutto–Cashflows eines Unternehmens sind davon unabhängig, ob dieses Unternehmen verschuldet oder unverschuldet ist. Sie sind darüber hinaus davon unabhängig, ob das Unternehmen insolvenzgefährdet ist oder nicht.
Annahme 4 (Investitionen und Abschreibungen):	Die Investitions– und Abschreibungspolitik des unverschuldeten Unternehmens unterscheidet sich nicht von der des verschuldeten Unternehmens. Auch Unternehmen, die insolvenzgefährdet sind, betreiben dieselbe Investitions– und Abschreibungspolitik.
Annahme 5 (Homogene Erwartungen):	Alle Kapitalgeber haben bezüglich der künftigen Brutto–Cashflows und ihrer Verteilungen homogene Erwartungen.
Annahme 6 (Exogene Verschuldungspolitik):	Die Verschuldungspolitik des Unternehmens ist exogen vorgegeben und wird auch im Falle der Insolvenz nicht geändert.
Annahme 7 (Keine Privathaftung):	Für die Befriedigung der Zahlungsansprüche von Kapitalgebern stehen ausschließlich die Cashflows des Unternehmens zur Verfügung. Privathaftung ist ausgeschlossen.
Annahme 8 (Rangordnung der Gläubiger):	Die Ansprüche der Finanzbehörde rangieren vor den Ansprüchen der anderen Kreditgeber. Die Cashflows reichen immer aus, um wenigstens die Steuerschulden vollständig zu begleichen.

Quelle: eigene Darstellung in Anlehnung an Krutschwitz, Löffler (2005), S. 3-15.

Anhang B4.4: Insolvenzen nach Umsatzgrößenklassen

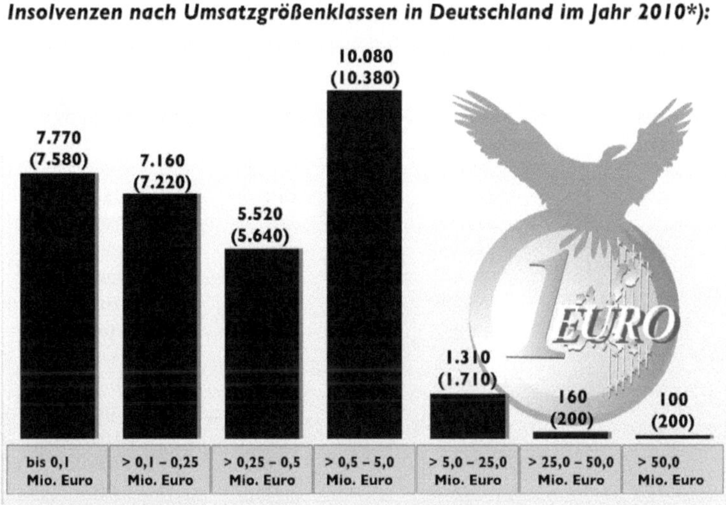

Quelle: Creditreform (2010b).

Anhang B4.5: Entwicklung der Einschätzungen zur Kredithürde

Quelle: eigene Berechnungen, Datenabruf am 01.03.2011 unter ifo.de.

Anhang B5.1: Credit Spreads in Abhängigkeit von Zinsdeckungsquote und Rating

Große, produzierende Unternehmen:

Zinsdeckungsquote		Rating	Spread
>	≤ to		
-100000	0.199999	D	0.15
0.2	0.649999	C	0.12
0.65	0.799999	CC	0.1
0.8	1.249999	CCC	0.08
1.25	1.499999	B-	0.0525
1.5	1.749999	B	0.05
1.75	1.999999	B+	0.0375
2	2.2499999	BB	0.0335
2.25	2.49999	BB+	0.03
2.5	2.999999	BBB	0.016
3	4.249999	A-	0.011
4.25	5.499999	A	0.01
5.5	6.499999	A+	0.0085
6.5	8.499999	AA	0.0065
8.5	100000	AAA	0.005

Kleine bis mittlere produzierende Unternehmen:

Zinsdeckungsquote		Rating	Spread
>	≤ to		
-100000	0.499999	D	0.15
0.5	0.799999	C	0.12
0.8	1.249999	CC	0.1
1.25	1.499999	CCC	0.08
1.5	1.999999	B-	0.0525
2	2.499999	B	0.05
2.5	2.999999	B+	0.0375
3	3.499999	BB	0.0335
3.5	3.9999999	BB+	0.03
4	4.499999	BBB	0.016
4.5	5.999999	A-	0.011
6	7.499999	A	0.01
7.5	9.499999	A+	0.0085
9.5	12.499999	AA	0.0065
12.5	100000	AAA	0.005

Quelle: Damodaran (2011).

Anhang B5.2: Wahrscheinlichkeitsverteilung aus Expertenbefragung im Rahmen einer Simulationsrechnung

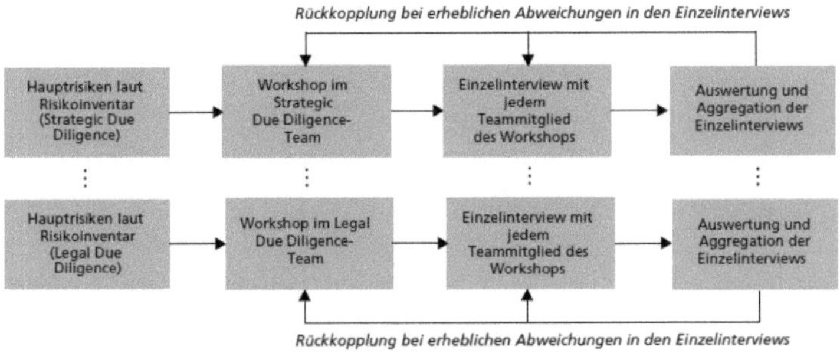

Quelle: Henselmann, Klein (2010), S. 363.

Quellenverzeichnis

Abberger, K.; Hainz, C.; Kunkel, A. (2009): Kreditvergabepolitik der Banken: Warum leiden große Unternehmen besonders?, URL: http://www.cesifo-group.de/portal/page/portal/ifoContent/N/pr/pr-PDFs/Schnelldienst2009PDF/ifosd_2009_14_1.pdf (01.03.2011).

Abberger, K.; Kunkel, A. (2008): Unternehmen leiden kaum unter Finanzierungsschwierigkeiten durch die Finanzmarktkrise, URL: http://www.cesifo-group.de/portal/page/portal/DocBase_Content/ZS/ZS-ifo_Schnelldienst/zs-sd-2008/ifosd_2008_9_5.pdf (01.03.2011).

Aders, C.; Wagner, M. (2004): Kapitalkosten in der Bewertungspraxis: Zu hoch für die "New Economy" und zu niedrig für die "Old Economy". In: *Finanz Betrieb*, Bd. 1, S. 30–42.

Almeida, H.; Philippon, T. (2007): The Risk-Adjusted Cost of Financial Distress. In: *The Journal of Finance*, 62. Jg., Bd. 6, S. 2557–2586.

Altman, E. I. (1968): Financial Ratios, Discriminant Analysis and the Prediction of Corporate Bankruptcy. In: *The Journal of Finance*, 13. Jg., Bd. 4, S. 589-609.

Altman, E. I. (1984): A Further Empirical Investigation of the Bankruptcy Cost Question. In: *The Journal of Finance*, 39. Jg., Bd. 4, S. 1067–1089.

Andrade, G. M.; Kaplan, S. N. (1997): How Costly is Financial (Not Economic) Distress? Evidence from Highly Leveraged Transactions that Became Distressed, URL: http://ssrn.com/paper=29359 doi:10.2139/ssrn.29359 (12.12.2010).

Asquith, P.; Gertner, R.; Sharfstein, D. (1994): Anatomy of Financial Distress: An Explanation of Junk Bond Issuers. In: *The Quarterly Journal of Economics*, 109. Jg., S. 625–658.

Baecker, P. N.; Gleißner, W.; Hommel, U. (2007): Unternehmensbewertung: Grundlage rationaler M&A-Entscheidungen? In: *M&A Mergers and Acquisitions Review*, Bd. 6, S. 270–277.

Baetge, J.; Niemeyer, K.; Kümmel, J.; Schulz, R. (2009): Darstellung der Discounted Cashflow-Verfahren (DCF-Verfahren) mit Beispiel. In: Peemöller, V. H. (Hrsg.): Praxishandbuch der Unternehmensbewertung. 4., aktualisierte und erweiterte Auflage. Verlag Neue Wirtschafts-Briefe: Herne, S. 339–478.

Ballwieser, W. (2007): Unternehmensbewertung. 2., überarbeitete Auflage, Stuttgart.

Bellinger, B.; Vahl, G. (1992): Unternehmensbewertung in Theorie und Praxis. 2., vollständig überarbeitete Auflage, Wiesbaden.

Bemmann, M. (2007): Entwicklung und Validierung eines stochastischen Simulationsmodells für die Prognose von Unternehmensinsolvenzen, Dresden.

Berner, C.; Rojahn, J.; Kiel, O.; Dreimann, M. (2005): Die Berücksichtigung des unternehmensindividuellen Risikos in der Unternehmensbewertung. In: *Finanz Betrieb*, Bd. 11, S. 711–718.

Bibeault, D. (1982): Corporate Turnaround: How Managers Turn Losers into Winners, Columbus.

Bloomberg (Hrsg.) (2008): Novartis Loses AAA, Ranks of Top-Rated Issuers Shrink, URL: http://www.bloomberg.com/apps/news?pid=newsarchive&sid=aKuKDdVi4VAE&refer=home (13.10.2010).

Branch, B. (2002): The Costs of Bankruptcy. In: *International Review of Financial*, 11. Jg., S. 39–57.

Brealey, R.; Myers, S. C. (2003): Principles of Corporate Finance - International 7th Edition, New York et al.

Bretzke, W.-R. (1975): Das Prognoseproblem bei der Unternehmungsbewertung, Düsseldorf, Köln.

Buchegger, M.; Gleißner, W.; Kamaras, E. (2009): IT-gestützte Abschätzung der Erfolgswahrscheinlichkeit von Restrukturierungs und Sanierungsprojekten – eine Fallstudie. In: *Krisen-, Sanierungs- und Insolvenzberatung (KSI)*, 1. Jg., S. 23-27.

Bundesministerium für Wirtschaft und Technologie (BMWi) (Hrsg.) (2011): Jahreswirtschaftsbericht 2011: Deutschland im Aufschwung – den Wohlstand von morgen sichern, URL: http://www.bmwi.de/BMWi/Redaktion/PDF/Publikationen/jahreswirtschaftsbericht-2011,property=pdf,bereich=bmwi,sprache=de,rwb=true.pdf (20.03.2011).

Chen, G.; Merville, L. (1999): An Analysis of the Underreported Magnitude of the Total Indirect Costs of Financial Distress. In: *Review of Quantitative Finance and Accounting*, 13. Jg., S. 277–293.

Coenenberg, A. G.; Schultze, W. (2002): Unternehmensbewertung: Konzeptionen und Perspektiven. In: *Die Betriebswirtschaft (DBW), S.* 597–621.

Cooper, I.; Davydenko, S. (2001): The Cost of Debt. London. (Working Paper). URL: http://papers.ssrn.com/sol3/papers.cfm?abstract_id=254974 (12.12.2010).

Creditreform Wirtschaftsforschung (2010a): Insolvenzen in Europa: Jahr 2009/10, URL: http://www.creditreform.de/Deutsch/Creditreform/Presse/Archiv/Insolvenzen_Europa/2009-10/Insolvenzen_in_Europa_2009-10_de.pdf (02.01.2011).

Creditreform Wirtschaftsforschung (2010b): Insolvenzen, Neugründungen, Löschungen, URL: http://www.creditreform.de/Deutsch/Creditreform/Presse/Archiv/Insolvenzen_Neugruendungen_Loeschungen_DE/20-11-29_ Insolvenzen_Neugruendungen_Loeschungen .pdf (02.01.2011).

Creditreform Wirtschaftsforschung (2011): Insolvenzen in Europa: Jahr 2010/11, URL: http://www.creditreform.de/Deutsch/Creditreform/Presse/Archiv/Insolvenzen_Europa/2010-11/Insolvenzen_in_Europa_2010-11_de.pdf (02.01.2011).

Dadkhah, K. (2009): The Evolution of Macroeconomic Theory and Policy, Dordrecht, Heidelberg, Berlin.

Daimer AG (Hrsg.) (2010): Geschäftsbericht 2009, URL: http://gb2009.daimler.com (10.01.2011).

Damodaran, A. (2006): The Cost of Distress: Survival, Truncation Risk and Valuation. New York. (Working Paper). URL: http://pages.stern.nyu.edu/~adamodar/pdfiles/papers/distresspaper.pdf (02.10.2010).

Damodaran, A. (2009): Valuing Distressed and Declining Companies. New York. (Working Paper). URL: http://pages.stern.nyu.edu/~adamodar/pdfiles/papers/NewDistress.pdf (02.10.2010).

Damodaran, A. (2010): Probabilistic Approaches: Scenario Analysis, Decision Trees and Simulations, URL: http://pages.stern.nyu.edu/~adamodar/pdfiles/papers/probabilistic.pdf (16.01.2011).

Damodaran, A. (2011): Ratings, Interest Coverage Ratios and Default Spread, URL: http://pages.stern.nyu.edu/~adamodar/New_Home_Page/datafile/ratings.ht m (10.03.2011).

Deutsche Bundesbank (Hrsg.) (1997): Monatsbericht Oktober 1997: Schätzung von Zinsstrukturkurven, URL: http://www.bundesbank.de/download/volkswirtschaft/mba/1997/199710m ba_zstrukt.pdf (10.11.2010).

Deutsche Bundesbank (Hrsg.) (2010): Geschäftsbericht 2009, URL: http://www.bundesbank.de/download/volkswirtschaft/jahresberichte/2009 gb_bbk.pdf (10.10.2010).

Deutsche Bundesbank (Hrsg.) (2009): Geschäftsbericht 2008, URL: http://www.bundesbank.de/download/volkswirtschaft/jahresberichte/2008 gb_bbk.pdf (10.10.2010).

Dörschell, A.; Franken, L.; Schulte, J. (2009): Der Kapitalisierungszinssatz in der Unternehmensbewertung, Düsseldorf.

Drukarczyk, J.; Schüler, A. (2007): Unternehmensbewertung. 5., überarbeitete und erweiterte Auflage, München.

Eisenbeis, R. A. (2010): The Financial Crisis: Miss-Diagnosis and Reactionary Responses. In: *International Atlantic Economic Society*, 38. Jg., S. 283–294.

Ernst, D.; Schneider, S.; Thielen, B. (2008): Unternehmensbewertungen erstellen und verstehen: Ein Praxisleitfaden. 3., aktualisierte und erwweiterte Auflage, München.

Fischer-Winkelmann, W. F. (2009): Sollen impliziert Können - Grundsätze ordnungsmässißer Unternehmensbewertung einmal anders. In: *Betriebswirtschaftliche Forschung und Praxis (BFuP)*, 61. Jg., S. 343–359.

Frühling, V. (2009): Unternehmensbewertung und ewige Rente. In: *Finanz Betrieb*, 4. Jg., S. 200-203.

Gebhardt, G.; Daske H. (2004): Zukunftsorientierte Bestimmung von Kapitalkosten für die Unternehmensbewertung. Frankfurt am Main. (Working Paper Series: Finance & Accounting). URL: https://www.econstor.eu/dspace/bitstream/10419/23399/1/843.pdf (15.12.2010).

Gleißner, W. (2002): Der Einfluss von Risiken auf das Rating - und die Nutzung von Risiken für Ratingprognose und Krisenprävention. In: Freidank, C.-C. (Hrsg.): Management-Handbuch Accounting, Controlling & Finance. Vahlen: München, S. 1–23.

Gleißner, W. (2010): Unternehmenswert, Rating und Risiko. In: *Die Wirtschaftsprüfung*, 14. Jg, S. 735–743.

Gleißner, W.; Bemmann, M. (2008): Rating-Evidenz und Risikosimulation in strukturellen Modellen. In: *Risiko Manager*, Bd. 17, S. 6–12.

Gröger, H.-C. (2009): Kapitalmarktorientierte Unternehmensbewertung: Untersuchung unter Berücksichtigung der persönlichen Besteuerung der Kapitalgeber, Wiesbaden.

Groß, P. (2010): Zur Beurteilung der „handelsrechtlichen Fortführungsprognose" durch den Abschlussprüfer. In *Die Wirtschaftsprüfung*, 3. Jg, S. 119-137.

Handelsblatt (Hrsg.) (2010): Mahle leistet Nachbarschaftshilfe bei Behr, URL: http://www.handelsblatt.com/unternehmen/mittelstand/nachrichten-trends/mahle-leistet-nachbarschaftshilfe-bei-behr/3415946.html (10.03.2011).

Hauser, H.-E.; Kay, R. (2010): Unternehmensnachfolgen in Deutschland 2010 bis 2014 - Schätzung mit weiterentwickeltem Verfahren, URL: http://www.ifm-bonn.org/assets/documents/IfM-Materialien-198.pdf (28.01.2011).

Hayn, M. (2000): Unternehmensbewertung: die funktionalen Wertkonzeptionen. In: *Der Betrieb*, 27. Jg., S. 1346–1353.

Henselmann, K.; Barth, T. (2009): Unternehmensbewertung in Deutschland - Empirie zur Bewertungspraxis, Norderstedt.

Henselmann, K.; Klein, M. (2010): Monte-Carlo-Simulation in der Due Diligence: Ein methodischer Ansatz zum computergestützten Aggregieren von Wahrscheinlichkeitsverteilungen aus Expertenbefragungen. In: *M&A Review*, 7. Jg., S. 358–366.

Hering, T. (2004): Quo Vadis Bewertungstheorie. In: Burkhardt, T.; Lohmann, K. (Hrsg.). Banken, Finanzierung und Unternehmensführung: Festschrift für Karl Lohmann zum 65. Geburtstag. Duncker & Humblot: Berlin, S. 105–122.

Hering, T.; Olbrich, M.; Rollberg, R. (2010): Zur angelsächsischen Bewertungstheorie als Mitursache der Finanzkrise. In: Keuper, F.; Neumann, F. (Hrsg.): Governance, Risk Management und Compliance:. Gabler: Wiesbaden, S. 29–43.

Homburg, C.; Jörg, S.; Weiß, M. (2004): Unternehmensbewertung bei atmender Finanzierung und Insolvenzrisiko. In: *Die Betriebswirtschaft (DBW)*, 64. Jg., Bd. 3, S. 276–295.

IFBC (Hrsg.) (2007): Umgang mit Unsicherheiten bei Unternehmensbewertungen, URL: http://www.ifbc.ch/pdf/whitepaper/no11_2007_wp.pdf (13.02.2011).

ifo Institut für Wirtschaftsforschung (Hrsg.) (2011): ifo Geschäftsklima Deutschland, URL: http://www.cesifo-group.de/portal/page/portal/ifoHome/a-winfo/d1index/10indexgsk (10.11.2011).

Institut der Wirtschaftsprüfer (IDW) (Hrsg.) (2008): IDW Standard: Grundsätze zur Durchführung von Unternehmensbewertungen (IDW S1 i.d.F 2008).

Institut der Wirtschaftsprüfer (IDW) (Hrsg.) (2008): Entwurf IDW Standard: Anforderungen an die Erstellung von Sanierungskonzepten (IDW ES 6).

Jödicke, D. (2007): Risikosimulation in der Unternehmensbewertung - Fallstudienorientierte Darstellung und Überleitung zur Risikozuschlagsmethode. In: *Finanz Betrieb*, 3. Jg., S. 166–171.

John, K.; Lang, L. H.; Netter, J. (1992): The Voluntary Restructuring of Large Firms in Response to Performance Decline. In: *The Journal of Finance*, 47. Jg., Bd. 3, S. 891–917.

Jonas, M. (2009): Unternehmensbewertung in der Krise. In: *Finanz Betrieb*, 10. Jg., S. 541–546.

Jonas, M.; Wieland-Blöse, H.; Schiffarth, S. (2005): Basiszinssatz in der Unternehmensbewertung. In: *Finanz Betrieb*, 10. Jg., S. 647–653.

Klein, M. (2010): Add-In basierte Softwaretools zur stochastischen Unternehmensbewertung: Spreadsheet basierte Monte-Carlo-Simulation und Risikoanalyse bei den vier marktführenden Softwarepaketen im Vergleich. Erlangen-Nürnberg. (Working Papers in Accounting Valuation Auditing Nr. 2010-7), URL: http://www.pw.wiso.uni-erlangen.de/forschung/arbeitspapiere.shtml (13.02.2011).

Klodt, H.; Lehment, H. (2009): The Crisis and Beyond, URL: http://www.ifw-kiel.de/think-tank/policy-support/pdf/the-crisis-and-beyond (26.10.2010).

Kofler, P.; Baumgartner, M. (2010): Unternehmensbewertung bei Verlustvorträgen und Insolvenzrisiko: Eine Analyse der DCF-Verfahren, Saarbrücken.

Korteweg, A. (2007): The Costs of Financial Distress across Industries. Chicago. (Working Paper). URL: http://www.terry.uga.edu/finance/docs/korteweg.pdf (12.12.2010).

KPMG (Hrsg.) (2010): Kapitalkosten- und Impairment Test-Studie 2009: Empirische Befragung von Unternehmen in Deutschland, den Niederlanden, Österreich, der Schweiz und Spanien, URL: http://www.kpmg.de/WasWirTun/17368.htm (01.11.2010).

Kruschwitz, L.; Lodowicks, A.; Löffler, A. (2005): Zur Bewertung insolvenzbedrohter Unternehmen. In: *Die Betriebswirtschaft (DBW)*, 3. Jg., S. 221–236.

Kruschwitz, L.; Löffler, A. (2001): DCF-Verfahren, Finanzierungspolitik und Steuervorteile. In: Seicht, G. (Hrsg.): Jahrbuch für Controlling und Rechnungswesen 2001: Wien, S. 101–116.

Krystek, U.; Moldenhauer, R. (2007): Handbuch Krisen- und Restrukturierungsmanagement: generelle Konzepte, Spezialprobleme, Praxisberichte, Stuttgart.

Kunisch, S.; Wahler, C. (2010): Deutscher M&A-Markt im "Tal der Tränen" - Rückblick auf das M&A-Geschehen im Jahr 2009. In: *M&A Mergers and Acquisitions Review*, 2. Jg., S. 53–62.

Laurenz, N. (2007): Unternehmensbewertungsverfahren für KMU, Hamburg.

Lodowicks, A. (2008): Riskantes Fremdkapital in der Unternehmensbewertung: Bewertung von Insolvenzkosten auf Basis der Discounted-Cashflow-Theorie, Wiesbaden.

Lorenz, M. (2009): Unternehmensbewertungsverfahren, Wiesbaden.

Maksimovic, V.; Phillips, G. (1998): Asset Efficiency and Reallocation Decisions of Bankrupt Firms. In: *The Journal of Finance*, 53. Jg., Bd. 5, S. 1495–1532.

Mandl, G.; Rabel, K. (1997): Unternehmensbewertung: Eine praxisorientierte Einführung, Wien.

Matschke, M. J.; Brösel, G. (2005): Unternehmensbewertung: Funktionen, Methoden, Grundsätze, Wiesbaden.

Metz, V. (2007): Der Kapitalisierungszinssatz bei der Unternehmensbewertung: Basiszinssatz und Risikozuschlag aus betriebswirtschaftlicher Sicht und aus Sicht der Rechtsprechung, Wiesbaden.

Moser, U.; Schieszl, S. (2001): Unternehmenswertanalysen auf der Basis von Simulationsrechnungen am Beispiel eines Biotech-Unternehmens. In: *Finanz Betrieb*, 10. Jg., S. 530–541.

Moxter, A. (1976): Grundsätze ordnungsmäßiger Unternehmensbewertung, Wiesbaden.

Moxter, A. (1983): Grundsätze ordnungsmäßiger Unternehmensbewertung. 2., vollständig überarbeitete Auflage, Wiesbaden.

Münstermann, H. (1966): Wert und Bewertung der Unternehmung, Wiesbaden.

Nölle, J.-U. (2009): Grundlagen der Unternehmensbewertung. In: Schacht, U.; Fackler, M. (Hrsg.): Praxishandbuch Unternehmensbewertung. 2., vollständig überarbeitete Auflage. Gabler Verlag: Wiesbaden, S. 9–29.

Obermaier, R. (2008): Die kapitalmarktorientierte Bestimmung des Basiszinssatzes für die Unternehmensbewertung: the Good, the Bad and the Ugly. In: *Finanz Betrieb*, 7-8. Jg, S. 493-507.

Ohlson, J. A. (1980): Financial Ratios and the Probabilistic Prediction of Bankruptcy. In: *Journal of Accounting Research*, 18. Jg., Bd. 1, S. 109–131.

Opler, T. C.; Titman, S. (1994): Financial Distress and Corporate Performance. In: *The Journal of Finance*, 49. Jg., Bd. 3, S. 1015–1040.

Outecheva, N. (2007): Corporate Financial Distress: An Empirical Analysis of Distress Risk. St. Gallen. (Dissertation). URL: www1.unisg.ch/www/edis.nsf/wwwDisplayIdentifier/3430/$FILE/dis3430.pdf (12.12.2010).

Pankoke, T.; Petersmeier, K. (2009): Der Zinssatz in der Unternehmensbewertung. In: Schacht, U.; Fackler, M. (Hrsg.): Praxishandbuch Unternehmensbewertung. 2., vollständig überarbeitete Auflage. Gabler Verlag: Wiesbaden, S. 107–137.

Pape, U.; Schlecker, M. (2008): Berechnung des Credit Spreads. In: *Finanz Betrieb*, 10. Jg., S. 658–665.

Peemöller, V. H. (2009): Wert und Werttheorien. In: Peemöller, V. H. (Hrsg.): Praxishandbuch der Unternehmensbewertung. 4., aktualisierte und erweiterte Auflage. Verlag Neue Wirtschafts-Briefe: Herne, S. 1-16.

Peemöller, V. H.; Bömelburg, P. (1993): Unternehmensbewertung ertragsschwacher Unternehmen. In: *Deutsches Steuerrecht (DStR),* S. 1036–1043.

Pfitzer, N. (2007): Sanierungsprüfung. In: Institut der Wirtschaftsprüfer (IDW) (Hrsg.): WP Handbuch 2008 Band II. 13.: Düsseldorf, S. 405–582.

Platt, H. D.; Platt, M. B. (2006): Understanding Differences Between Financial Distress and Bankruptcy. In: *Review of Applied Economics*, 2. Jg., Bd. 2, S. 141-157.

Postbank AG (Hrsg.) (2010): Postbank – Unser Rating-Verfahren, URL: http://www.postbank.de/firmenkunden/fk_rating_basel_2_rating_verfahren.html (15.02.2011).

Purnanandam, A. (2005): Financial Distress and Corporate Risk Management: Theory & Evidence. Michigan. (Working Paper). URL: http://papers.ssrn.com/sol3/papers.cfm?abstract_id=782425 (15.12.2010).

Rapp, M. S. (2006): Die Arbitragefreie Adjustierung von Diskontierungssätzen bei einfacher Gewinnsteuer. In: *Schmalenbachs Zeitschrift für betriebswirtschaftliche Forschung (zfbf)*, 58. Jg., Bd. 6, S. 771–806.

Rausch, B. (2007): Unternehmensbewertung mit zukunftsorientierten Eigenkapitalkostensätzen: Möglichkeiten und Grenzen der Schätzung von Eigenkapitalkostenansätzen ohne Verwendung historischer Renditen, Wiesbaden.

Roland Berger Strategy Consultants (Hrsg.) (2009): Insolvenzen in Deutschland 2010 – Trends in der Wirtschaftskrise, URL: http://www.rolandberger.com/media/pdf/Roland_Berger_Insolvencies_in_Germany_20100111.pdf (12.12.2010).

Ross, S. A.; Westerfield, R. W.; Jaffe, J. (2005): Corporate Finance. 7th edition, Columbus.

Rudolph, B. (2009): Lehren aus den Ursachen und dem Verlauf der internationalen Finanzkrise. In: *Schmalenbachs Zeitschrift für betriebswirtschaftliche Forschung (zfbf)*, 60. Jg., S. 713–741.

Ruiz Vargas, S. de; Zollner, T. (2010): Einfluss der Finanzkrise auf Parameter der Unternehmensbewertung. In: *BewertungsPraktiker*, 2. Jg., S. 2–12.

Sanfleber-Decher, M. (1992): Unternehmensbewertung in den USA. In: *Die Wirtschaftsprüfung*, 20. Jg., S. 597–603.

Seppelfricke, P. (2007): Handbuch Aktien- und Unternehmensbewertung: Bewertungsverfahren, Unternehmensanalyse, Erfolgsprognose. 3., überarbeitete Auflage, Stuttgart.

Sieben, G. (1976): Der Entscheidungswert in der Funktionenlehre der Unternehmensbewertung. In: *Betriebswirtschaftliche Forschung und Praxis (BFuP)*, S. 491–504.

Sieben, G.; Löcherbach, G.; Matschke, M. J. (1974): Bewertungstheorie. In: Grochla, E.; Wittmann, W. (Hrsg.): Handwörterbuch der Betriebswirtschaft. 4: Stuttgart, S. 839–851.

Standard & Poor's (Hrsg.) (2009): Default, Transition, and Recovery: Global Credit Comment: Nearly 300 Global Corporate Entities Are Vulnerable To Default, URL: http://www2.standardandpoors.com/spf/pdf/fixedincome/Nearly_300_Global_Corporate_Entities.pdf (21.01.2011).

Standard & Poor's (Hrsg.) (2011): Sovereigns Ratings List, URL: http://www.standardandpoors.com/ratings/sovereigns/ratings-list/en/us/?sectorName=Governments&subSectorCode=39&subsectorName=sovereigns (21.01.2011).

Wagner, W. (2007): Die Unternehmensbewertung. In: Institut der Wirtschaftsprüfer (IDW) (Hrsg.): WP Handbuch 2008 Band II. 13.: Düsseldorf, S. 1–196.

Wagner, W.; Saur, G.; Willershausen, T. (2008): Zur Anwendung der Neuerungen der Unternehmensbewertungsgrundsätze des IDW S1 i.d.F. 2008 in der Praxis. In: *Die Wirtschaftsprüfung*, 16. Jg, S. 731–747.

Weckbach, S. (2004): Corporate Financial Distress: Unternehmensbewertung bei finanzieller Enge, St. Gallen.

Weiß, L. A. (1990): Bankruptcy resolution. In: *Journal of Financial Economics*, Bd. 27, S. 285–314.

Weizsäcker, R. K. von; Krempel Katja (2004): Risikoadäquate Bewertung nicht-börsennotierter Unternehmen - ein alternatives Konzept. In: *Finanz Betrieb*, 12. Jg., S. 808–814.

Whitaker, R. B. (1999): The Early Stages of Financial Distress. In: *Journal of Economics and Finance*, 23. Jg., Bd. 2, S. 123–133.

Wruck, K. H. (1990): Financial distress, reorganization, and organizational efficiency. In: *Journal of Financial Economics*, 27. Jg., S. 419–444.

Zimmermann, K. F.; Schäfer, D. (2010): Finanzmärkte nach dem Flächenbrand, Wiesbaden.

Zimmermann, P. (1997): Schätzung und Prognose von Betawerten, Bad Soden.

Zwirner, C.; Ago, R. (2009): Unternehmensbewertung im Zeichen der Finanzmarktkrise vor dem Hintergrund der neuen erbschaftsteuerlichen Regelungen - Anmerkungen zu einer angemessen Zinssatzermittlung. In: *Finanz Betrieb*, 7./8. Jg., S. 389-393.